Sonja Sammüller

BeWerben

Werden Sie die Nr. 1 auf dem Bewerbungsstapel!

BEWERBUNG
ACHTUNG:
FRISCH & MOTIVIERT!
Flexibel
Faul
Langweilig
Teamfähig
Innovativ
Neugierig
Ehrgeizig
Begriffsstutzig
Freundlich
Blond
Blöd

EDITION XXL

Inhaltsverzeichnis

Allgemeines ...

BeWerbung für ...

Inhaltsverzeichnis

Einige **Worte** zu Beginn!

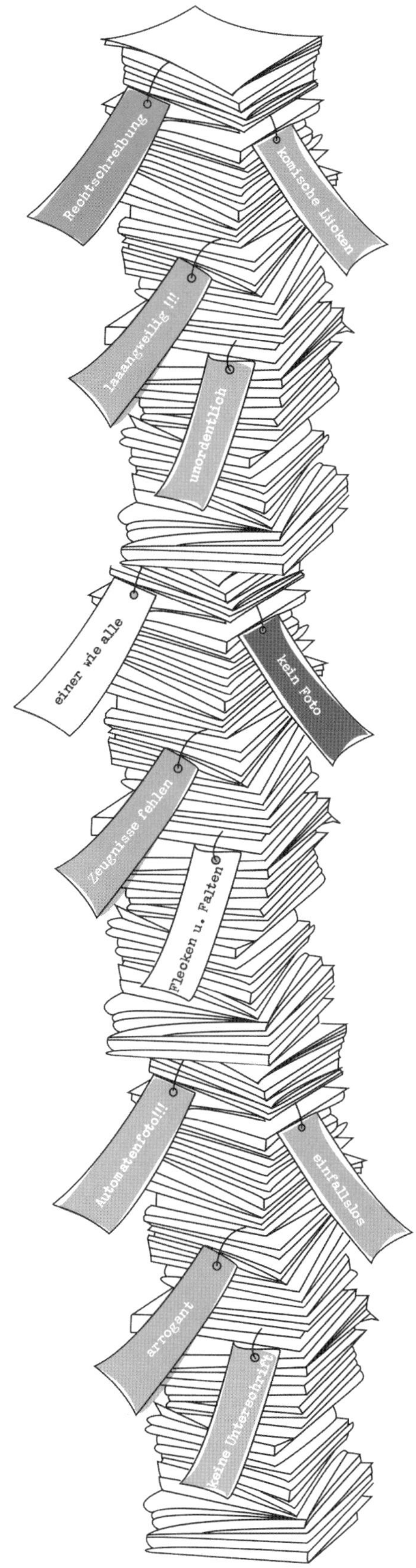

Sie haben sich schon oft beworben, aber nur wenige Einladungen zum Vorstellungsgespräch bekommen? Sie sind von sich überzeugt, wissen, dass Sie gut sind, leisten gute Arbeit, können dies aber nicht so recht rüberbringen?

Ob Sie sich nun als Sekretärin, Gärtner oder Informatiker bewerben, dieses Buch zeigt Ihnen, wie Sie optisch und inhaltlich eine Bewerbung schaffen, die Interesse weckt und garantiert nicht in der Masse untergeht.

Machen Sie Schluss mit den 08/15-Bewerbungen. Seien Sie nicht schüchtern, lernen Sie anhand von Kommunikationsregeln, wie Sie sich selbst am besten vermarkten. Stellen Sie sich positiv dar und zeigen Sie ganz klar Ihre eigenen Fähigkeiten. Sprich: BeWerben Sie sich!

In diesem Zusammenhang müssen Sie Folgendes bedenken: „Klasse statt Masse." Nur so können Sie die Nummer 1 auf dem Bewerbungsstapel werden. Wer mit den Techniken der Werbung – Kreativität, Originalität, Engagement, Struktur, Prägnanz, Aussagekraft und Individualität – arbeitet, hat eine bessere Chance auf dem überfüllten Arbeitsmarkt.

In einer Welt, die völlig überflutet von Bildern und Texten ist, erfahren Sie hier, wie Sie dieses Überangebot auch auf dem Bewerbungsstapel übergehen können:

Mit vielen Abbildungen und detaillierten Beschreibungen zeige ich Ihnen, wie Ihre Unterlagen durch Verpackung und Aufmachung zu einem echten Blickfang werden.Textbausteine aus vielen Musteranschreiben und -lebensläufen helfen Ihnen bei der Formulierung Ihrer Bewerbung auf die Sprünge.

Es ist alleine Ihre Entscheidung, wie Sie sich bewerben wollen und somit Ihre neue Karriere beginnen, dennoch werden Sie schon bald feststellen, dass Bewerben sogar Spaß machen kann und das Warten auf die positiven Resonanzen der Personalchefs nicht nur schrecklich, sondern auch sehr spannend sein kann.

Ich wünsche Ihnen viel Spaß mit den Anregungen aus diesem Buch. Suchen Sie sich aus, welche Bewerbung für Sie am besten geeignet wäre und passen Sie diese Ihren Wünschen und Fähigkeiten entsprechend an.

Nehmen Sie dazu möglichst auch noch die Tipps für Berufe zur Hand, die auf den ersten Blick gar nichts mit dem Ihren zu tun haben. Bestimmt werden auch diese Sie inspirieren.

Zum Schluss noch eine wichtige Anmerkung: Dies ist natürlich auch ein Buch für Frauen. Um eine bessere Lesbarkeit zu erzeugen, habe ich darauf verzichtet, immer beide Geschlechter zu nennen. Ich hoffe, Sie verzeihen mir!

Ich wünsche Ihnen viel Glück und vor allen Dingen Erfolg!

Ihre Sonja Sammüller

Ratgeber für die vollständige und formal richtige BeWerbung

Schicken Sie nicht ein und dieselbe Bewerbung an viele Unternehmen! Jede Bewerbung sollte ein Unikat sein. Auf Qualität kommt es an.

Und ob Sie sich nun für einen Vollzeitjob oder ein Praktikum bewerben: Rechtschreibung, Sauberkeit und Vollständigkeit sollten stets gegeben sein. Nur dann können Sie davon ausgehen, dass Ihre Bewerbung überhaupt bis zum Ende gelesen wird.

Bonuspunkte gibt es für Besonderheiten wie z. B. graphologische Gutachten. Der Betrachter erhält so einen großen Einblick über Sie und sieht, dass Sie sich außerordentlich engagieren.

Halten Sie sich zunächst das Ziel Ihrer Bewerbung vor Augen: Die Einladung zum Vorstellungsgespräch!

Dies ist am besten dadurch zu erreichen, dass Sie zunächst gewisse Regeln einhalten. Dazu habe ich Ihnen die fünf wichtigsten Punkte aufgelistet. Wenn Sie diese Regeln verinnerlichen, kann formal bei Ihrer Bewerbung schon mal nichts mehr schief gehen.

Neben diesen fünf Punkten sehen Sie im Kasten unten rechts die Zauberformel der Werbung. Verwenden Sie diese und machen Sie somit aus Ihrer Bewerbung eine werbliche Verkaufsveranstaltung. Stellen Sie sich vor, Sie seien ein Produkt, das erfolgreich zu vermarkten ist. Hierzu müssen Sie ein Merkmal an sich entdecken (besondere Qualifikation, außerordentliches Talent, ...), das Sie von allen anderen Bewerbern abhebt. Diesen einzigartigen Vorteil müssen Sie dann so groß wie möglich herausstellen.

Springt das beworbene Unternehmen auf Ihren Vorteil an, so haben Sie eine Einladung zum Vorstellungsgespräch oder Assessmentcenter schon so gut wie im Briefkasten.

1. Wie und wo kann ich gezielt nach offenen Stellen suchen?

Falls Sie Berufsanfänger sind, so haben Sie optimale Voraussetzungen, wenn Sie bereits während Ihrer Schulzeit oder Ihres Studiums Praktika gemacht haben. Somit haben Sie bereits erste Kontakte zu verschiedenen Unternehmen knüpfen können. Ob Sie nun die Bindung zu dem Unternehmen nutzen, bei dem Sie das Praktikum oder einen Nebenjob absolviert haben, oder Gelerntes als Bonus für andere Unternehmen nutzen, bleibt Ihnen überlassen.
Stehen Sie bereits im Berufsleben, so ist es wichtig, den Wirtschaftsteil von Zeitungen zu durchforsten und somit herauszufinden, welche Unternehmen wachsen und wo Stellen entstehen. Auch können Sie offene Stellen auf der Homepage von Unternehmen finden. Diese sparen sich oft die Kosten für teure Stellenanzeigen. Persönlicher Kontakt ist wichtig: Versuchen Sie Ihr Glück auf Messen oder durch einen Anruf bei Unternehmen, für die Sie gerne arbeiten würden.
Verzichten Sie dennoch nicht auf konventionelle Methoden, wie z. B. „Vitamin B" in vollen Zügen auszuschöpfen, Stellenmärkte in Tages- und Fachzeitschriften zu durchforsten und Online-Stellenmärkte regelmäßig zu beobachten.

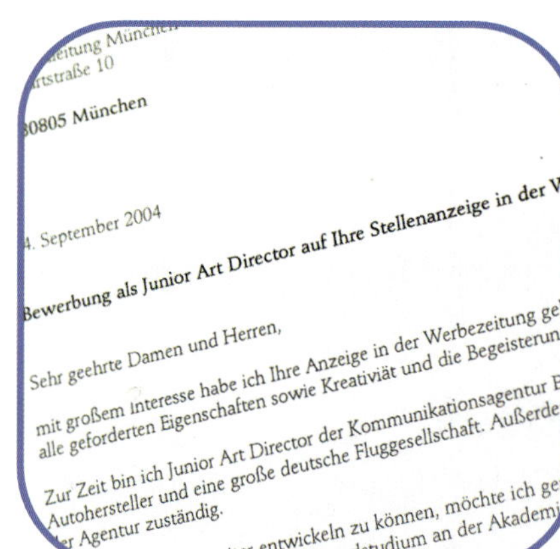

2. Welche Regeln soll ich beim Anschreiben einhalten?

Neben formalen Regeln für Briefe, die auf Seite 14 beschrieben werden, gibt es einen Punkt, den Sie, wie die Profis aus der Werbung, nie außer Acht lassen sollten: Verkaufen Sie in kurzer, aussagekräftiger Form sich und Ihre Leistung. Gehen Sie dabei auf das Unternehmen ein – denn der Kunde ist König!

Lebenslauf

Persönliche Angaben

Geburtstag: 18. Juni 1978
Geburtsort: Darmstadt
Staatsangehörigkeit: deutsch
Familienstand: ledig

Schulbildung

September 2000 – August 2003

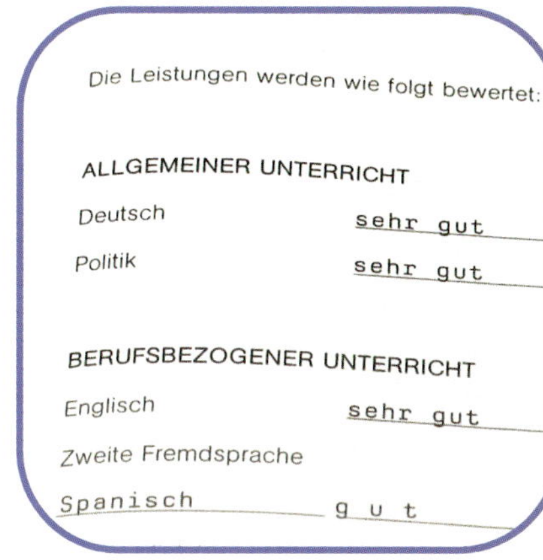

Die Leistungen werden wie folgt bewertet:

ALLGEMEINER UNTERRICHT

Deutsch sehr gut
Politik sehr gut

BERUFSBEZOGENER UNTERRICHT

Englisch sehr gut
Zweite Fremdsprache
Spanisch gut

3. Das Bewerbungsfoto: Ein Bild sagt mehr als 1000 Worte.

Mal ganz ehrlich: Möchten Sie nicht auch stets so vorteilhaft wie möglich erscheinen? Dies sollten Sie auch bei Ihrer Bewerbung beachten: Keine Automatenfotos, sondern die eines guten Fotografen (Format z. B. 4,5 x 3,5 cm). Zeigen Sie, dass Sie gepflegt und geschmackvoll frisiert und gekleidet sind. Wenn Sie das noch durch ein natürliches Lächeln unterstützen, haben Sie bereits erste Sympathiepunkte erzielt.

4. Was gehört in den Lebenslauf und was nicht?

Gestalten Sie Ihren Lebenslauf gut leserlich und interessant. Er sollte nicht länger als zwei Seiten sein und auf positive Art und Weise Ihre Fähigkeiten und Erfahrungen vermitteln. Erwähnen Sie auf alle Fälle besondere Kenntnisse, die für das zu bewerbende Unternehmen von großer Tragweite sein könnten und die Sie evtl. von anderen Bewerbern abheben. Auf Seite 15 finden Sie einen kompletten Musterlebenslauf.

5. Welche Unterlagen muss ich sonst noch beilegen?

Neben dem Anschreiben und dem Lebenslauf machen Nachweise über Abschlüsse, Zertifikate, Urkunden und Zeugnisse den schriftlichen Teil der Bewerbung komplett. Legen Sie solche Dokumente stets in kopierter, evtl. beglaubigter Form bei.
Achten Sie dabei darauf, dass die schwarz-weißen Kopien alle auf dem gleichen, hochwertigen A4-Papier gemacht wurden und völlig frei von Knittern und Flecken sind.

AIDA – Attention, Interest, Desire, Action!!!

AIDA ist eine Abkürzung für die wichtigsten Aufgaben, die Ihre BeWerbung zu erfüllen hat:

- Attention: Die Aufmerksamkeit des Betrachters mit Hinguckern wecken:
  Der Empfänger soll auf die BeWerbung aufmerksam gemacht werden und einen ersten Blick auf Sie werfen. Außergewöhnliche Farben, Gestaltungen und Schriften, schöne Fotos, haptische Besonderheiten, unübliche Formate (nur der Mappe, nicht der Bewerbungsunterlagen) helfen dabei.

- Interest: Das Interesse des Betrachters an Ihre BeWerbung binden:
  Der Empfänger soll einen zweiten, tieferen Blick auf die Bewerbung werfen und sich in sie vertiefen. Geschichten, Witze und Anspielungen im Anschreiben sind gute Vorgehensweisen dafür.

- Desire: Das Verlangen des Betrachters auf sich lenken:
  Der Empfänger soll rationale und emotionale Gründe dafür bekommen, Sie zu einem Gespräch einladen zu wollen. Rational: Ausbildung, Vorzüge, Gehaltsvorstellungen. Emotional: Sympathie, ein Bewerber mit einer solch aufwändigen und kreativen BeWerbung scheint etwas Besonderes zu sein.

- Action: Schließlich soll der Betrachter Sie zum Bewerbungsgespräch einladen:
  Der Empfänger soll nicht nur die BeWerbung anschauen, die kein Selbstzweck ist, sondern so beeinflusst werden, dass er Sie unbedingt kennen lernen will. Und zwar möglichst schnell, da Ihre BeWerbung so einzigartig ist, dass sicher auch andere Unternehmen großes Interesse an Ihnen haben.

Das Musteranschreiben

Das Bewerbungsanschreiben ist Ihre Chance, bei dem Stellenanbieter echtes Interesse zu wecken. Ihre Herausforderung besteht darin, das Anschreiben so kurz wie möglich und so lang wie nötig zu fassen. Zum einen sollen alle Informationen über Sie enthalten sein, zum anderen müssen diese interessant verpackt werden, denn bedenken Sie nur, wie viele Anschreiben der Personalchef sicher allein an diesem Tag schon gelesen hat.

Es ist Ihr Auftritt: die Möglichkeit, den Sachbearbeiter aus seinem Trott herauszuholen und ihn von sich zu überzeugen!

Als Grundlage dafür können Sie, aber müssen keinesfalls das unten aufgeführte Muster benutzen. Dieses Grundgerüst hilft Ihnen, Ihren Brief gut durchzustrukturieren. Erwarten Sie nicht, dass der Brief auf Anhieb gelingt. Hier ist viel Feingefühl gefragt und um das Optimum zu erreichen, braucht es vor allen Dingen Zeit und Geduld.

Der Abstand des Textes zu den Rändern beträgt 2,5 cm.

Geben Sie sämtliche Absenderdaten an, über die Sie erreichbar sind. Ländercodes müssen im Inland nicht, aber können angegeben werden.

Das Datum steht rechtsbündig neben dem Absender (Monat ausschreiben).

Die Gliederung der Telefonnummer ist wie im Beispiel gezeigt richtig, allerdings sollten Sie sich für die übersichtlichste Variante entscheiden. Dies gilt auch für das Unterstreichen der E-Mail-Adresse.

Beziehen Sie sich im Betreff auf die Stelle, für die Sie sich bewerben, und evtl. das Stellenangebot oder das Telefongespräch, das Sie dazu veranlasst hat.

Bei der Anrede begrüßen Sie „Damen und Herren“, falls Sie Ihre Bewerbung an eine Abteilung richten. Haben Sie einen Ansprechpartner, so sprechen Sie diesen direkt an.

Der Brieftext soll kurz und knackig sein: Keine unnötigen Floskeln und Überhäufungen mit Schmuckwörtern. Bedenken Sie, bereits in diesem Stadium wird ein großer Teil der Bewerbungen aussortiert, und Sie möchten doch nicht, dass Sie schon auf dem falschen Stapel landen, bevor Ihr Lebenslauf betrachtet wurde.

Niemals vergessen: Die Unterschrift. Nehmen Sie hierzu einen blauen Stift.

Vorname, Name
Straße
Staat-PLZ, Wohnort
Fon:
Fax:
Handy:
E-Mail:
¶
¶
¶
¶
Betrieb
Abteilung
Straße Nummer/Postfach
¶
Staat-PLZ Ort
¶
¶
¶
¶
Betreff
¶
¶
Anrede,
¶
Text
Text
Text
¶
Text
Text
Text
Text
¶
Text
Text
Text
¶
Text
Text
Text
¶
Text
Text
¶
Grußformel
¶
¶
¶
Vorname, Name
¶
Anlagenvermerk

Stefan Neumann
Bahnhofstraße 56
D-74893 Friedstadt
Fon: 07357 829483
Fax: 07357 829484
Handy: 0172 8493882
E-Mail: stefan@neumann.net

Datum
2. Mai 2005

Wird vom Posteingang geöffnet und an die Personalabteilung weitergegeben:

Werbeagentur Ulla
Personalabteilung
Frauenplatz 73

D-75892 Felden

Darf nur vom Empfänger persönlich geöffnet werden.

Herrn Thomas Müller
Werbeagentur Ulla
Frauenplatz 73

D-75892 Felden

Bewerbung um einen Ausbildungsplatz als Werbekaufmann

Sehr geehrte Damen und Herren,

Gliedern Sie einen Text von ca. 20 Zeilen in Absätze und gehen Sie dabei auf folgende Punkte ein:

1. Einleitung: Was oder wer Sie zu dieser Bewerbung veranlasst hat.
2. Bewerbung: Um welche Stelle Sie sich bewerben.
3. Angaben zur Person: Wer Sie sind, wo Sie zurzeit stehen.
4. Besondere Kenntnisse und Fähigkeiten: Ausbildung, Hobbys, Ehrenämter, akademische Grade, Berufserfahrung, ...
5. Frühester Eintrittstermin: Wann beenden Sie Ihre Ausbildung oder Ihr Studium, sind Sie zurzeit in einem festen Arbeitsverhältnis oder arbeitslos?
6. Bitte um Vorstellungstermin
7. Schlussformulierung

Mit freundlichen Grüßen

persönliche Unterschrift

Stefan Neumann

Anlage

oder:

Anlagen
Aufzählung der Unterlagen, die der Bewerbung beigefügt sind.

Der Musterlebenslauf

Jetzt geht es darum, die Kenntnisse und Fähigkeiten, die Sie in Ihrem Anschreiben bereits angedeutet haben, strukturiert darzustellen. Hier sind Übersicht, Daten und Fakten gefragt.

Beschränken Sie sich bei der Darstellung jedoch nicht auf rein schulische und berufliche Ausbildung. Auch Zusatzqualifikationen, Branchenkenntnisse, Interessen, besondere Fähigkeiten und Talente sind gefragt. Und somit steigt Ihre Chance, sich wiederum von der Masse abzuheben.

Auch beim Lebenslauf ist es wichtig, ihn individuell für das Unternehmen „zuzuschnitzen", um die tatsächlichen Fragen des Lesers zu beantworten. Das heißt, dass keine Lücken im Lebenslauf sein dürfen. Sollten Sie z. B. länger als drei Monate arbeitslos gewesen sein, so kommentieren Sie dies kurz. Keine Bange: Bei unseren Arbeitslosenzahlen ist das kein Mangel!

Lebenslauf
¶
¶

1. Persönliche Daten	
Name:	Neumann, Stefan Peter
Anschrift:	Bahnhofstraße 56, D-74893 Friedstadt
Fon:	07357 829483
Fax:	07357 829484
E-Mail:	stefan@neumann.net
¶	Foto
Staatsangehörigkeit:	deutsch (wichtig bei Ausländern)
Geburtsdatum und -ort:	27. Juli 1968
Familienstand:	verheiratet, 2 Kinder
¶ ¶	
2. Ausbildung	
Datum (von–bis): ... ... ¶	Listen Sie besuchte Schulen und Ihren höchsten Bildungsabschluss auf. Beginnen Sie dabei mit der am kürzesten zurückliegenden Maßnahme und nennen Sie jeweils Name und Art der Einrichtung sowie die erworbene Qualifikation.
3. Berufserfahrung	
Datum (von–bis): ... ... ¶	Nennen Sie Namen und Ort des Arbeitgebers. Beschreiben Sie Ihren Tätigkeitsbereich und Zuständigkeiten. Ggf. können Sie auch Projekte oder besondere Erfolge in diesem Zusammenhang angeben.
4. Weiterbildung	
Datum (von–bis): ... ... ¶ ¶	Geben Sie hier Ihre Fähigkeiten und Kompetenzen an, die Sie durch Zusatz- und Zweitausbildungen, betriebliche Weiterbildungen und Umschulungen erlangt haben. Kurse, die beruflich genutzt werden, können können Sie außerdem hier aufzeigen. Dazu zählen auch Weiterbildungen, die Sie außerberuflich gemacht haben: Volkshochschullehrgänge, Sprachkurse und -reisen, Fernlehrgänge, Bildungsurlaub, ...
5. Besondere Kenntnisse	
Bezeichnung ... ¶	Beschreiben Sie alle Fähigkeiten, die über dem Durchschnitt liegen oder die zum ausgeschriebenen Job passen: Sprachen, Computerkenntnisse, Ehrenämter, Führerschein, ...
6. Interessen	
Bezeichnung ... ¶ ¶ ¶	Hobbys, die zusätzlich aufzeigen können, dass Sie für die offene Stelle besonders gut geeignet sind, z. B. Teamsportarten oder außergewöhnliche Interessen und besondere Begabungen.
7. Ort, Datum	Friedstadt, 2. Mai 2005
¶ ¶ ¶	persönliche Unterschrift
Name	Stefan Neumann

Das Foto kann oben rechts auf den Lebenslauf geklebt werden. Benutzen Sie dazu am besten doppelseitiges Klebeband, da Klebstoff das Fotopapier oft angreift. Beschriften Sie davor die Rückseite des Fotos mit Ihrem Namen und Ihrer Anschrift, damit es, falls es bei der Bearbeitung abfällt, noch zugeordnet werden kann. Andere Variante: Entwerfen Sie ein Deckblatt für Ihre Bewerbungsunterlagen und bringen Sie das Foto darauf an.

Beginnen Sie mit Ihren persönlichen Daten.

Listen Sie Ihre Ausbildungsstationen genau auf. Versuchen Sie hierbei durch eine systematische Aufteilung Übersicht zu schaffen.

Zur Berufserfahrung zählen neben Festanstellungen außerdem Nebenjobs und Praktika. Diese können z. B. dann besonders zum Tragen kommen, wenn Sie bisher in der gleichen Branche tätig waren.

Bei dem Punkt „Weiterbildung" müssen Sie sich nicht nur auf die rein berufliche Basis beschränken. Bedenken Sie genau, welche Kenntnisse Sie erworben haben, die dem Unternehmen von Nutzen sein könnten und Sie von den anderen Bewerbern abheben. Hier können auch besondere Interessen von großer Tragweite sein.

Wenn Sie möchten, genügt die persönliche Unterschrift ohne Namen.

BeWerbung für Vertrieb, Bank, Anwaltskanzlei, Arztpraxis, Buchhaltung, ...

Angenommen, Sie haben Ihr Betriebswirtschaftsstudium gerade erfolgreich abgeschlossen und der Bewerbungsmarathon beginnt.

In den Stellenanzeigen der Tageszeitungen finden Sie jedoch nicht die passende Stelle für sich und wenn doch, dann kommen neben der Ihrigen leider auch noch ca. 500 weitere Bewerbungen bei dem Stellenausschreiber an.

Beim Durchforsten verschiedener Wirtschaftsfachmagazine stoßen Sie plötzlich auf ein Unternehmen, das Ihnen sehr zusagt, und bei einem Blick auf dessen Homepage sehen Sie, dass das Unternehmen stets offen für außerordentlich gute Bewerber ist.

Da Sie sich sofort angesprochen fühlen, greifen Sie zum Telefonhörer und wollen sich mit dem Personalleiter verbinden lassen, um gleich zu erfahren, ob eine passende Stelle für Sie frei wäre. Jedoch: keine Chance! Sie kommen einfach nicht zu ihm durch.

Davon lassen Sie sich aber nicht abschrecken, schließlich können Sie sich denken, wie der Alltag in einer Personalabteilung aussieht. Über das Internet haben Sie bereits den Namen des Personalleiters herausfinden können. An ihn sollten Sie Ihr Anschreiben auch richten.

Nehmen Sie in der Einleitung kurz Bezug auf die Wirtschaftsmagazine und erklären Sie im Hauptteil Ihr Motiv und Ihre Qualifikation für die Stelle.

Eine offene Frage am Schluss muntert den Sachbearbeiter nochmals auf.

Es gibt Branchen, in denen stehen Seriosität und Vertraulichkeit an erster Stelle. In diesem Fall sollten Sie unbedingt die klassische Bewerbungsform wählen. Dies bedeutet nicht, dass Sie sich damit für eine langweilige Variante entscheiden.

Ganz im Gegenteil: Eine individuelle, perfekt auf das Unternehmen abgestimmte Bewerbung, die zeigt, dass Sie wissen, worauf es ankommt, nämlich Stil und absolute Professionalität, ist in diesem Fall der sichere Weg zum Bewerbungsgespräch.

Daniela Böhm
(Dipl.-Betriebswirtin)

Frankfurter Straße 89
D-69039 Darmstadt
Fon: 0 61 51/93 94 93
Fax: 0 61 51/93 94 94
E-Mail: daniela@boehm.com

Frankfurter Bank
Herrn Jochen Schneider
Börsenstraße 193

D-68395 Frankfurt am Main

28. August 2004

Initiativbewerbung als Kundenbetreuerin

Sehr geehrter Herr Schneider,

bei meiner Recherche in verschiedenen Wirtschaftsmagazinen bin ich auf Ihr Unternehmen aufmerksam geworden. Gerne würde ich Ihr erfahrenes und kompetentes Team als Kundenbetreuerin unterstützen.

Während meines Studiums konnte ich bereits einige Praktika absolvieren und mir dabei erste Berufserfahrungen aneignen. Beim Erledigen des Tagesgeschäftes – internationale Korrespondenz, Terminplanung und Neukundenakquisition – kristallisierte sich heraus, dass mir zum einen strukturierte Arbeitsweise sehr gut liegt und ich zum anderen sehr gut mit Menschen umgehen kann.

Inzwischen besitze ich das Diplom für Betriebswirtschaft und da ich aus den Medien entnehmen konnte, dass Sie Ihre Mitarbeiter nicht nur fordern, sondern auch fördern, würde ich mich gerne in Ihrem Arbeitsumfeld engagieren.

Darf ich mich bei Ihnen vorstellen?

Mit freundlichen Grüßen

Daniela Böhm

Daniela Böhm

Anlagen

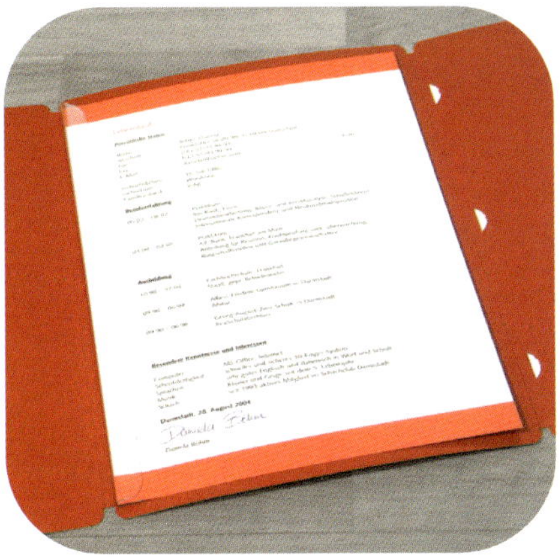

Klassisch mit Stil:

Schon auf den ersten Blick eine edle und perfekt aufeinander abgestimmte Bewerbung. Damit beweisen Sie nicht nur Stil, sondern auch Geradlinigkeit, Ordnung und absolute Professionalität.

1. Zur Umsetzung benötigen Sie: eine qualitativ hochwertige Bewerbungsmappe. Besonders optimal für den Einblick der Bearbeiter sind doppelt eingeklappte Mappen, da sie so Zeugnisse und Lebenslauf parallel lesen können; ein weißes, rückenverstärktes Kuvert im Format B4, Adressetiketten, das Logo oder den Schriftzug des Stellenanbieters, einen Bleistift, eine Schere, mehrere Briefbögen, eine Visitenkarte und ein selbstklebendes Fenster für die Visitenkarte.

2. Zeichnen Sie mit dem Bleistift vorsichtig die Konturen des Logos auf die Bewerbungsmappe. Nehmen Sie anschließend die Schere und schneiden Sie es aus. Besonders effektiv ist das Logo auf der Mappe, wenn Sie es schaffen, eine Bewerbungsmappe in der „Hausfarbe" des Stellenanbieters zu erhalten.
Sollte sich das Logo nicht so gut zum Ausschneiden eignen, können Sie es auch aufzeichnen.

3. Eine eigene Brief- und Visitenkartenausstattung ist selbst im Zeitalter des ständigen elektronischen Datentransfers noch von großer Bedeutung: Sie zeigt Professionalität und Ihre Fähigkeit, sich selbst gut zu vermarkten.
Wenn Sie oder einer Ihrer Freunde gestalterisches Geschick haben, so können Sie Ihre Ausstattung selbst entwickeln. Sollten Sie kein Händchen dafür haben, so lassen Sie dies lieber einen Profi übernehmen.

4. Kleben Sie das Fenster für die Visitenkarte vorsichtig in die Ecke unten links in das Innere der Mappe. Stecken Sie nicht nur eine, sondern zwei bis drei Visitenkarten hinein. Der Sachbearbeiter kann eine für sich entnehmen und somit praktischer auf Sie zurückgreifen. Im anschließenden Vorstellungsgespräch überreichen Sie wieder Ihre Karte: So entsteht sofort ein Wiedererkennungseffekt.

5. Formulieren Sie das Anschreiben und stecken Sie es in das vorgesehene Fach der Bewerbungsmappe. Sollte Ihre Mappe kein eigenes Fach dafür haben, so legen Sie das Schreiben nicht in die Mappe, sondern obenauf.
Drucken Sie nun Ihren Lebenslauf auf Ihr Briefpapier und schieben Sie ihn vorsichtig mit den Zeugniskopien in die Mappe. Sehen Sie, wie professionell das gleich wirkt?

6. Beschriften Sie das Adressetikett mit der gleichen Schriftart wie den Brief und kleben Sie es vorsichtig auf den Umschlag. Tipp: Es gibt immer noch sehr viele Briefmarkensammler oder solche, die sich über eine schöne Marke einfach freuen. Erkundigen Sie sich bei Ihrer Postfiliale nach schönen Marken. Vielleicht finden Sie eine, die sogar besonders gut zu Ihrer Bewerbung passt.

Lebenslauf

Persönliche Daten

Name	Böhm, Daniela
Anschrift	Frankfurter Straße 89, D-69039 Darmstadt
Fon	0 61 51/93 94 93
Fax	0 61 51/93 94 94
E-Mail	daniela@boehm.com
Geburtsdatum	16. Juli 1980
Geburtsort	Würzburg
Familienstand	ledig

Foto

Berufserfahrung

05.02–08.02	Praktikum Ibo Bank, Essen Devisenbearbeitung, Bilanz- und Kreditanalyse, Schalterdienst, Internationale Korrespondenz und Neukundenakquisition
03.00–03.01	Praktikum AIL Bank, Frankfurt am Main Abteilung für Revision, Kreditprüfung und -überwachung, Bürgschaftsstellen und Garantiegemeinschaften

Ausbildung

10.99–07.04	Fachhochschule, Frankfurt Staatl. gepr. Betriebswirtin
09.96–06.99	Albert-Einstein-Gymnasium in Darmstadt Abitur
09.90–06.96	Georg-August-Zinn-Schule in Darmstadt Realschulabschluss

Besondere Kenntnisse und Interessen

Computer:	MS Office, Internet
Schreibfertigkeit:	schnelles und sicheres 10-Finger-System
Sprachen:	sehr gutes Englisch und Italienisch in Wort und Schrift
Musik:	Klavier und Geige seit dem 5. Lebensjahr
Schach:	seit 1993 aktives Mitglied im Schachclub Darmstadt

Darmstadt, 28. August 2004

Daniela Böhm

Daniela Böhm

Um eine Einheit zu schaffen, verwenden Sie auch für den Lebenslauf Ihre eigene Briefausstattung.

Wenn Ihre Adresse schon vorgedruckt ist, müssen Sie nicht noch einmal Ihre komplette Anschrift auflisten.

Verwenden Sie ein Bewerbungsfoto von einem Fotografen. Sie müssen nicht aussehen wie ein Supermodel, sondern lediglich Sympathie ausstrahlen. Auf keinen Fall zu empfehlen ist ein Urlaubsfoto oder eines in „Managerpose". Das wirkt meist sehr unnatürlich.

Ordnen Sie Ihren Schulabschluss und Ihre Berufserfahrung der Reihenfolge nach, wobei Sie auf alle Fälle das Berufsfeld, in dem Sie tätig waren, etwas genauer beschreiben sollten. Schließlich genügt es nicht, ein Praktikum bei einem großen Konzern oder einen Nebenjob bei einem erfolgreichen Unternehmen gemacht zu haben. Auch Ihr genaues Tätigkeitsfeld ist sehr wichtig, damit sich der Leser ein echtes Bild von Ihnen machen kann.

Außerordentliche Kenntnisse sollten Sie unbedingt erwähnen: Hobbys wie Schach dokumentieren logisches und strategisches Denken, wobei das Spielen eines Instrumentes zeigt, dass Sie neben Talent auch über viel Disziplin und Ausdauer verfügen.

Clevere Bewerbungs-Tipps und Tricks:

- Zwei Positionen geben Ihnen bei dieser Bewerbung einen einzigartigen Vorteil: Zum einen die auf das Unternehmen abgestimmte Mappe (durch Logo und „Hausfarbe") und zum anderen Ihre eigene Briefausstattung und Visitenkarte, die die Bewerbung zu einem komplexen Gesamtwerk werden lassen.
- Zeigen Sie, dass Sie die geforderten Eigenschaften für die Branche haben: Disziplin, Gewissenhaftigkeit und Professionalität sind einige der Eigenschaften, die Sie mit diesen Unterlagen dem Leser beweisen können.
- Aber: Sie sind nicht frei von (Rechtschreib-)Fehlern. Lassen Sie jemanden die Bewerbung Korrektur lesen.

BeWerbung für Zeitungsverlag, Redaktionsbüro, Druckerei, Buchverlag, ...

Bücher, Zeitschriften und Zeitungen sind Medien, die Ihnen bestens vertraut sind?

Ob Sie nun Autor oder Drucker sind, ob Sie in der Herstellung oder dem Vertrieb tätig sind, wichtig ist nur, dass Sie eine starke Verbindung zu Printmedien haben und dies auch zeigen.

Besorgen Sie sich ein Druckerzeugnis aus dem Haus, bei dem Sie sich bewerben wollen, und wandeln Sie es in eine Bewerbungsmappe um. Wenn Sie Ihrem Anschreiben dann noch den Charakter des gleichen Mediums geben (z. B. Zeitung oder Buch), dann haben Sie Ihr Interesse für genau dieses Unternehmen stärker gezeigt, als es Formulierungen im Anschreiben tun könnten.

Personalchefs setzen mittlerweile voraus, dass sich Mitarbeiter mit dem Unternehmen identifizieren, und es genügt schon lange nicht mehr, einfach Interesse an der gesamten Branche zu haben.

In dem Beispielanschreiben greift der Bewerber auf eine Bekannte zurück, die ihm diesen Job empfohlen hat. Somit gelangt die Bewerbung schon zu der Personalabteilung, bevor überhaupt eine Stellenanzeige ausgeschrieben wurde. Eine gute Methode, nicht nur aus dem Bewerbungsstapel aufzufallen, sondern sogar als Erster anzukommen.

Die Anlagen müssen übrigens nicht immer detailliert aufgeführt sein. Dadurch wird nur ersichtlich, ob die Unterlagen auch vollständig sind. Einen „Mehrwert" stellt das für den Empfänger demnach sicher nicht dar. Entscheiden Sie doch einfach nach Platzgründen.

Ob Sie sich nun als Journalist, als Redakteur oder als Verlagskaufmann bewerben: Schon beim ersten Blick auf die Bewerbung wird ersichtlich, dass Sie sich mit dem Unternehmen identifizieren.

Machen Sie dem Personalverantwortlichen klar, dass Sie hinter dem Unternehmen stehen und dass es für Sie eine große Herausforderung ist, gerade für diesen Betrieb tätig sein zu dürfen. Dies geschieht hierbei visuell durch die Gestaltung der Mappe sowie des Kuverts, das Anschreiben und den Lebenslauf.

Thorsten Stein

Berliner Str. 13 D-84932 Neuhausen Fon: 0 98 37/21 25 Fax: 0 98 37/21 26

15. Juni 2004

Herrn Stefan Reich
Leiter Personalabteilung
Zeitung- und Druck GmbH
Gutenbergstraße 183

D-85930 Regenstadt

Bewerbung als Verlagskaufmann
Empfehlung durch Frau Schmidt, Leiterin Anzeigenabteilung

Sehr geehrter Herr Reich,

wer aufgehört hat, besser zu werden, der hat aufgehört, gut zu sein. Ich möchte besser werden und mich in Ihrem Unternehmen weiterentwickeln.

Dies ist auch Frau Schmidt – der Leiterin Ihrer Anzeigenabteilung – durch meine Erzählungen bekannt, und da sie mich als zuverlässigen und ehrgeizigen Menschen kennt, empfahl sie mir, mich für die offene Stelle in Ihrer Abteilung für Abonnentenverwaltung zu bewerben.

Zurzeit bin ich beim Südverlag in der Anzeigenabteilung tätig und entwickle dort neue Maßnahmen, um den Verkauf von Anzeigen zu erhöhen. Außerdem überprüfe ich die Anzeigen auf Inhalt, Vollständigkeit und Qualität. Selbst unter den Bedingungen der Umstrukturierung und der schwachen Konjunktur erzielte ich gleich bleibend hohe Verkaufsergebnisse.

Meine jetzige Arbeit bereitet mir viel Freude, dennoch möchte ich gerne in dem Tätigkeitsfeld aktiv werden, das mich schon während meiner Ausbildung zum Verlagskaufmann am meisten begeistert hat: das Organisieren der Abonnentenverwaltung.

Neben dem Verhandeln und Kontrollieren der Leistungen der Zustelldienste möchte ich gerne viele Maßnahmen durchführen, um neue Leser zu gewinnen. Durch meine bisherigen Berufserfahrungen kann ich mich sicher schnell in Ihrem kompetenten Team einarbeiten. Einsatzfähig wäre ich ab dem 1. Oktober 2004.

Habe ich Sie überzeugt? Laden Sie mich bitte zu einem persönlichen Gespräch ein und erfahren Sie mehr von mir.

Mit freundlichen Grüßen

Thorsten Stein
Thorsten Stein

Anlagen

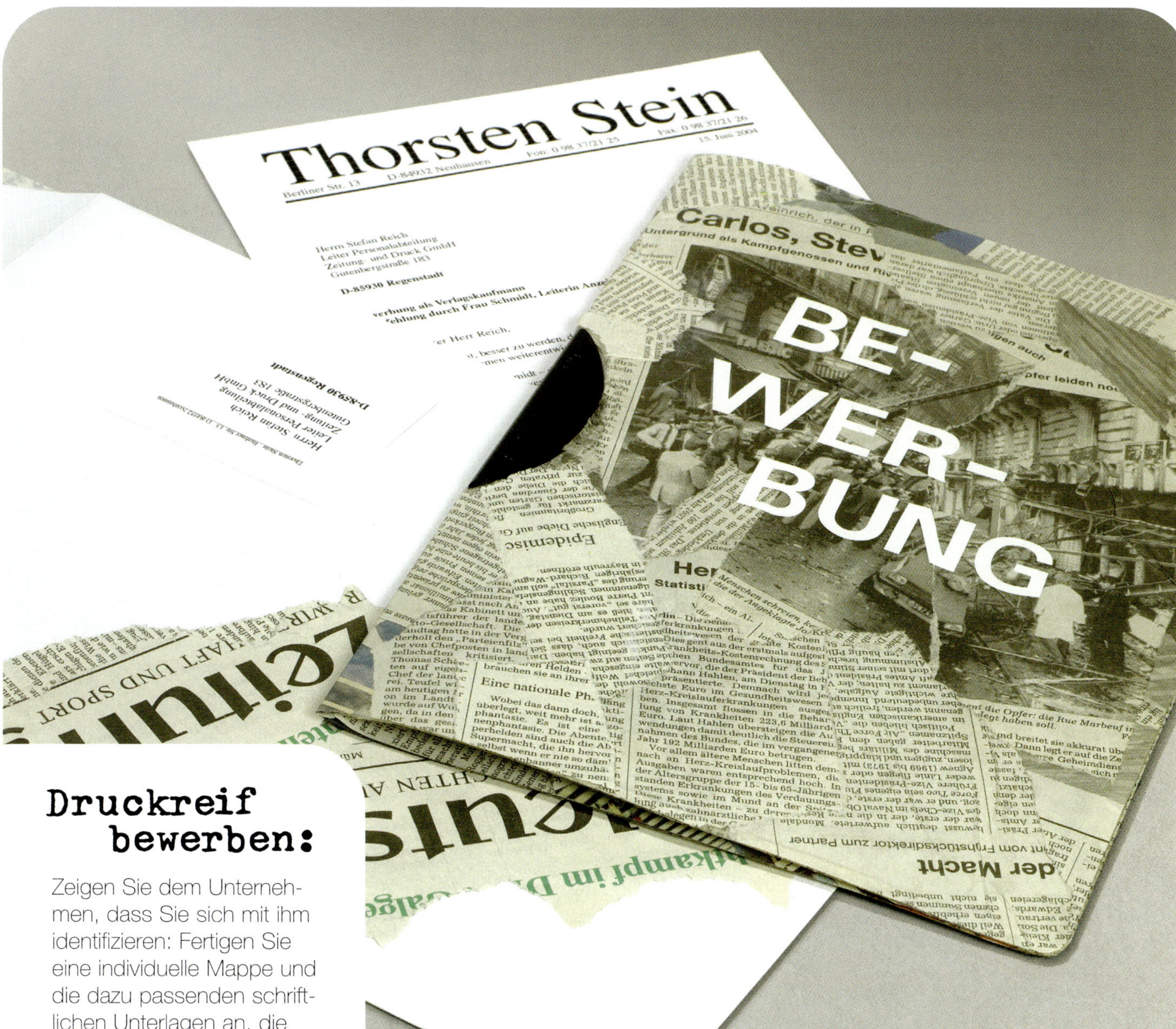

Druckreif bewerben:

Zeigen Sie dem Unternehmen, dass Sie sich mit ihm identifizieren: Fertigen Sie eine individuelle Mappe und die dazu passenden schriftlichen Unterlagen an, die das Herz des Betrachters höher schlagen lassen.

1. Zur Umsetzung benötigen Sie: eine Zeitung des Verlages, bei dem Sie sich bewerben, oder ein Druckerzeugnis aus der zu bewerbenden Druckerei, eine Klemmmappe aus Kunststoff, ein weißes Kuvert B4, weiße Adressetiketten, ca. 1,50 x 1 m doppelseitige Klebefolie, Klebstoff, Schere und kontrastreiche Klebebuchstaben, die das Wort „Bewerbung“ ergeben.

2. Reißen Sie zunächst eine Seite der Zeitung in kleine Stücke.
Klappen Sie anschließend die Bewerbungsmappe auf und bekleben Sie diese auf einer Seite mit der doppelseitigen Klebefolie. Ziehen Sie das Schutzpapier nach und nach von der Folie ab und bekleben Sie diese mit den Zeitungsstücken. Ecken, die überstehen, bitte gleich gut mit Klebstoff festkleben, damit nichts abfallen oder stören kann.

3. Drehen Sie die Mappe nun auf die andere Seite und machen Sie das Gleiche wie schon auf der ersten Seite.
Wenn alle Stellen lückenlos beklebt sind, können Sie vorsichtig die überstehenden Zeitungszipfel wegschneiden, damit die Mappe an den Kanten schön glatt ist.
Überprüfen Sie nochmals, ob auch wirklich nichts über- oder wegsteht. Die Mappe gut trocknen lassen.

4. Kleben Sie mit den Buchstaben auf die Vorderseite der Mappe das Wort „Bewerbung“. Legen Sie sich dazu am besten ein gerades Stück Papier unter, damit die Buchstaben nicht schief werden und damit es Ihnen leichter fällt, gleichmäßige Zwischenräume zu erzielen. Hier können Sie ggf. schon typografisches Geschick beweisen.

5. Reißen Sie noch einige weitere Stücke aus der Zeitung. Wie wäre es z. B. mit dem Schriftzug vom Titelblatt?
Kleben Sie die Stücke auf dem Kuvert gut fest und lassen Sie auch dieses gut trocken. Waschen Sie nun am besten Ihre Hände, da diese inzwischen bestimmt mit Druckerschwärze übersät sind. Schließlich wollen Sie Ihre Bewerbungsunterlagen nicht verschmutzen.

6. Beschriften Sie das Adressetikett mit einer Schrift, die das Schriftbild des ausgerissenen Zeitungsausschnittes ergänzt, und kleben Sie es vorsichtig auf das Kuvert. Bei der klassischen Tageszeitung sollten Sie z. B. eine klassische Zeitungsschrift mit Serifen wählen.

Lebenslauf

Thorsten Stein Berliner Str. 13 D-84932 Neuhausen Fon: 0 98 37/21 2 Fax: 0 98 37/21 26

Persönliche Daten

Foto

Name:	Thorsten Stein
Geburtsdatum:	26. März 1978
Geburtsort:	Neuburg
Staatsangehörigkeit:	deutsch
Familienstand:	ledig

Schulbildung

08/1985–06/1989	Grundschule Erzhausen
08/1989–06/1995	Gymnasium Neuburg
08/1995–06/1998	Gymnasium Neuhausen Abschluss Abitur (1,3)

Wehrdienst

07/1998–04/1999	Wehrdienst in der GFZ-Kaserne, Hamburg

Berufsausbildung

09/1999–06/2002	Ausbildung zum Verlagskaufmann mit IHK-Abschluss beim Südverlag, Reichenbach

Berufspraxis

06/2002–heute	Südverlag, Reichenbach Beratung von Anzeigenkunden sowie die Förderung und Überprüfung der Anzeigen

Sonstiges

Führerschein:	Fahrerlaubnisklasse BE
Computerkenntnisse:	MS Office, QuarkXPress, FrontPage
Fremdsprachen:	9 Jahre Schulenglisch und 7 Jahre Schulfranzösisch

Neuhausen, 15. Juni 2004

Thorsten Stein

Thorsten Stein

Geben Sie dem Lebenslauf den gleichen Charakter wie schon Ihrem Anschreiben. Nehmen Sie das gleiche Papier und tauschen Sie hierbei nur Ihren Namen gegen den Begriff „Lebenslauf“ aus.

Sie benutzen die gleiche Schriftart wie beim Anschreiben, sodass die Unterlagen zweifelsfrei eine Einheit ergeben.

Da Sie Ihre Anschrift schon im Briefkopf nennen, genügt es, wenn Sie mit Ihrem vollen Namen beginnen.

Dieser chronologische Lebenslauf – Sie führen Ihren Werdegang von der schulischen Ausbildung bis zur aktuellen Tätigkeit auf – ist aufgeteilt in verschiedene Rubriken. Diese sind durch die Zwischenüberschriften gut gegliedert und verschaffen einen leichten Überblick über Sie und Ihre Fähigkeiten.

Der chronologische Lebenslauf ist nur dann sinnvoll, wenn Sie noch jung sind und noch nicht so viel Berufserfahrung haben. Denn hier kommt es primär auf Ihren schulischen Werdegang und den Grad Ihrer Ausbildung an.

Auch Zusatzqualifikationen durch Hobbys und Interessen sind besonders für junge Bewerber wichtig, da sie durch andere Mittel als Berufserfahrung zeigen können, was sie draufhaben.

Clevere BeWerbungs-Tipps und Tricks:

- Sollten Sie einmal das Glück haben, früher als andere von einer frei gewordenen Stelle zu erfahren, versuchen Sie Ihre Unterlagen möglichst schnell auf den Bewerbungsstapel zu befördern.
- Die Personalverantwortlichen achten darauf, dass der Bewerber sich mit dem Unternehmen auseinander setzt, und mögen es, wenn der Interessent es schon mit seiner Bewerbung schafft, sich mit dem Unternehmen zu identifizieren, so wie hier mit einem täuschend ähnlichen Druckerzeugnis aus dem eigenen Haus.
- Wenn Sie noch nicht viel Berufserfahrung haben, sind Ihre Zusatzqualifikationen besonders gefragt. Mogeln Sie aber besser nicht. Z. B. hat nur der „Sprachen“ als Hobby, der auch mehr als eine sprechen kann.

BeWerbung für Ausbildungsbetrieb, Gärtnerei, Florist, Gartenlandschaftsbau, ...

Sie stehen kurz vor Ihrem Schulabschluss, haben noch keine Berufserfahrung vorzuweisen, aber schon ein berufliches Ziel vor Augen?

Dann ist dies genau die richtige Bewerbung für Sie, schließlich müssen Sie ein Alleinstellungsmerkmal gegenüber all den anderen Bewerbern belegen, was in diesem jungen Alter meist gar nicht so leicht ist.

Zeigen Sie anhand einer Packung Blumensamen, dass Sie wachsen wollen, dass Sie Interesse haben und dass Sie sich darüber im Klaren sind, dass Sie noch ausreifen müssen. Erläutern Sie dies genau in Ihrem Anschreiben. Natürlich genügt es nicht, einfach ein paar Samen beizulegen und ein gewöhnliches Anschreiben zu verfassen. Das würde den Empfänger vor ein großes Rätsel stellen.

Suchen Sie sich die Samen einer Pflanze, die zu Ihnen passt. Sind Sie ein offenes, fröhliches Wesen, so drückt die Sonnenblume das Wesen Ihrer Persönlichkeit am besten aus. Sind Sie aber eher dominant und zielstrebig, so sind z. B. die Samenkapseln der Rose treffender.

Eine Alternative zu den Samen in der Packung sind Samen in der Dose, die nur gegossen werden müssen, dann im nährstoffreichen Boden keimen und nach einer bestimmten Anzahl von Tagen blühen. Diese auffälligere, aber auch etwas aufwändigere Idee verschicken Sie dann am besten in einer Rolle aus Karton.

Diese Bewerbung ist nicht nur für die Gartenbranche geeignet, sondern für alle Branchen, in denen Fortschritt, Wachstum und Entwicklung gefragt sind.

Diese Bewerbung ist für alle diejenigen geeignet, die zeigen möchten, dass sie sich beruflich weiterentwickeln, wachsen und gedeihen wollen: so wie die Samen der Sonnenblume, die der Bewerbung beiliegen.

Wenn diese optische Differenzierung noch mit einem guten Text im Anschreiben verknüpft ist, wird sichtbar, dass Sie sich überdurchschnittlich stark mit der Bewerbung auseinander gesetzt und somit großes Interesse an der ausgeschriebenen Stelle haben.

Sabrina Huber
Siedlerweg 13
D-32987 Neudorf
Fon: 0 39 84/98 73

12. März 2005

Sonnengärtnerei
Christoph Sommer
Berliner Allee 18

D-32048 Freudenstadt

Bewerbung um einen Ausbildungsplatz als Gärtnerin
Ihre Anzeige in der „Deutschen Morgenpost" vom 11. März 2005

Sehr geehrter Herr Sommer,

mit großer Begeisterung habe ich Ihre Anzeige vom 11. März gelesen.

Ich besuche zurzeit die 10. Klasse der Realschule in Neudorf und werde sie diesen Sommer mit voraussichtlich sehr guten Noten beenden. Besonders viel Spaß macht mir die Teilnahme an der Garten- und Landschaftsbau AG. Bei einem Zucht-Wettbewerb für Sonnenblumen 2004 habe ich den 1. Platz gewonnen.

Seit vielen Jahren sind Bäume, Obst und Gemüse mein großes Hobby. Auch mit Stauden und Blumen kenne ich mich mittlerweile gut aus. So z. B. mit der zitronengelben Ikarus. Sie gefällt mir sehr gut, da sie außergewöhnliche, schöne Seitentriebe bildet und sich die Blüten stets in aufrechter Haltung präsentieren.

Auch ich würde mich gerne mit aufrechter, strahlender und motivierter Haltung als Ihre neue Auszubildende vorstellen. Nährstoffreichen Boden bringe ich schon mit und bin mir sicher, dass ich mich schnell einarbeiten kann.

Denn auch bei Auszubildenden zählt: Man erntet, was man sät!

Mit freundlichen Grüßen

Sabrina Huber

Sabrina Huber

Anlagen
Zeugniskopie Klasse 10, 1. Halbjahr
Lebenslauf mit Foto
Urkunde Zuchtwettbewerb für Sonnenblumen 2004

Man erntet, was man sät:

Die „sonnige" Bewerbung mit Saatgut spricht für sich: Mit nur wenig Aufwand wird Ihr künftiger Vorgesetzter die Früchte von dem ernten, was er in Sie investiert. So z. B. Erfolg und Entlastung.

1. Zur Umsetzung benötigen Sie: eine apfelgrüne Mappe mit vier Klappen und den dazugehörigen Umschlag, eine transparente Klemmleiste zum Befestigen der Bewerbungsunterlagen in der Mappe, Sekundenkleber, Schere, einen feinen weißen Lackstift, Bleistift, Zirkel, Klebstoff, Tonpapier in Braun und zwei verschiedenen Gelbtönen, eine Packung Sonnenblumensamen, eine Schablone in Form eines Blattes und weiße Adressetiketten.

2. Ziehen Sie mit dem Zirkel einen Kreis auf das braune Papier. Schneiden Sie diesen aus und malen Sie kleine weiße Punkte darauf. Anschließend ziehen Sie einen Kreis in der gleichen Größe auf das gelbe Papier. Legen Sie die Blattschablone um den Kreis und zeichnen Sie sie jeweils mit dem Bleistift nach. Schneiden Sie die vorgezeichnete Form aus und kleben Sie sie mit dem braunen Kreis zusammen.

3. Kleben Sie die Blume auf das zweite gelbe Tonpapier und zeichnen Sie zwischen den einzelnen Blütenblättern nochmals jeweils ein Blatt ein. Dies kann ruhig etwas dynamischer sein und muss nicht immer gleich aussehen. Schneiden Sie auch diese Form aus.

4. Kleben Sie die fertige Sonnenblume auf eine der vier Klappen. Optisch sollte die Blume im zugeklappten Zustand der Mappe genau in der Mitte sitzen.

5. Mit etwas Sekundenkleber befestigen Sie die Klemmleiste im Inneren der Mappe. Achten Sie bitte darauf, dass Sie nicht zu viel Klebstoff verwenden.
Kleben Sie die Samenpackung auf den Innenteil einer Klappe.
Wenn alles gut getrocknet ist, können Sie dann Ihre restlichen Bewerbungsunterlagen vorsichtig in die Klemmleiste schieben.

6. Beschriften Sie das Adressetikett und kleben Sie es auf den grünen Umschlag. Basteln Sie eine weitere kleine Sonnenblume, die Sie auf dem Umschlag gut festkleben (damit Sie auf dem Postweg nicht verloren geht).

LEBENSLAUF

Persönliche Daten

Name	Huber	Foto
Vorname	Sabrina	
Wohnort	Siedlerweg 13, D-32987 Neudorf	
Geburtsdatum/-ort	19. Januar 1989 in Dortmund	
Eltern	Inge Huber, geb. Dinkel, Floristin Karl Huber, Dreher	
Familienstand	ledig	

Schulbildung

01.09.95–20.06.99	Grundschule, Klassen 1–4 der Rodensteinschule in Neudorf
01.09.99–heute	Realschule, Klassen 5–10 der Melibokusschule in Reinstadt
voraussichtlicher Abschluss	Realschulabschluss

Besondere Interessen und Auszeichnungen

Lieblingsfächer	Biologie, Werken
Arbeitsgemeinschaften	Garten- und Landschaftsbau Bodenturnen
Hobbys	Natur und Sport
Besondere Auszeichnung	Zuchtwettbewerb für Sonnenblumen 2004 1. Platz

Neudorf, 12. März 2005

Sabrina Huber

Sabrina Huber

Wenn es nicht ausdrücklich gewünscht wird, sollten Sie Ihren Lebenslauf auch mit dem PC und nicht mit der Hand schreiben.

Der Lebenslauf per Hand ist inzwischen überholt und auch nur dann zu empfehlen, wenn Sie eine lockere und saubere Handschrift haben. Handschriftliches wird oft für ein graphologisches Gutachten herangezogen.

Bevorzugen Sie aus Gründen der Übersicht die tabellarische Form gegenüber der Aufsatzform. Sollte dennoch ein Lebenslauf in Aufsatzform verlangt werden, so fügen Sie unaufgefordert eine tabellarische Kurzversion hinzu.

In Farbe und Schrift sollte der Lebenslauf dem Anschreiben gleichen. Berichten Sie aufgrund fehlender Berufserfahrung von Ihren Interessen.

Auch auf den Lebenslauf gehören Ort, Datum und Unterschrift. Unterschreiben Sie den Lebenslauf und das Anschreiben mit einem blauen Stift, am besten direkt hintereinander, damit eine Unterschrift der anderen gleicht. Dabei können Sie auch nochmal die Übereinstimmung der Daten von Lebenslauf mit Anschreiben und Zeugnissen prüfen. Hier dürfen keine Fehler passieren, die den Sachbearbeiter nur unnötig verwirren und womöglich zu falschen Schlüssen kommen lassen.

Clevere BeWerbungs-Tipps und Tricks:

- Wenn Sie einen Sachbearbeiter so richtig in Ihre Bewerbung mit einbeziehen möchten, lassen Sie ihn daran teilhaben. Beilagen wie hier die Sonnenblumensamen werden nicht weggeworfen, sondern genutzt und bleiben so noch lange im Gedächtnis.
- Lange Fehlzeiten in Zeugnissen sollten Sie am besten gleich im Bewerbungsanschreiben erklären. Sonst liegt der Gedanke, dass Sie oft schwänzen oder einen labilen Gesundheitszustand haben, sehr nahe.
- Wenn Sie sich rechtzeitig für eine Ausbildungsstelle bewerben, so tun Sie das nicht erst mit dem Abschlusszeugnis. Also: frühzeitig anstrengen, Bewerbungsphasen beginnen oft schon ein Jahr vorher!

BeWerbung für Gastronomie, Kurierdienst, Werbe- oder Designagentur, ...

Nehmen wir an, eine Werbeagentur sucht über eine Fachzeitschrift einen Junior Art Director/Grafik Designer.

Aus den eingehenden Bewerbungen ist bereits ersichtlich, ob die Bewerber sauber arbeiten, mit Typografie umgehen können und Kreativität zum Ausdruck bringen. Bewerber, die diese rein äußerliche Prüfung ihrer Unterlagen nicht bestehen, scheiden schon mal aus.

Mit einer Pizzaschachtel als Umverpackung werden Sie sich deutlich von Ihren Mitbewerbern abheben. Und so wird das Unternehmen Sie schon schnell als „die mit der Pizzaschachtel" in Erinnerung haben.

Gestalten Sie zu der Pizzaschachtel eine Mappe und einen Briefbogen, die eine Einheit schaffen. Zeigen Sie den Betrachtern damit, dass Sie nicht nur Werbung für andere, sondern auch für sich selbst machen können: Ihre BeWerbung!

Eventuell können Sie die Pizzaschachtel und die Mappe in den Hausfarben des Unternehmens verwirklichen.

Achten Sie darauf, dass die Schachtel vor dem Verschicken gut verklebt ist, und machen Sie die Mappe nicht größer als 22 x 30 cm, weil sie sich sonst schlecht handhaben lässt und eventuell verärgert weggelegt werden könnte, weil man sie nicht einordnen kann.

Die Umverpackung darf ungewöhnlich gewagt sein, das Anschreiben sollte allerdings seriös und informativ formuliert sein. Schließlich muss der Sachbearbeiter erkennen, dass hinter dieser Bewerbung ein ernst zu nehmendes Konzept steht.

Mit dieser Bewerbung machen Sie schon beim ersten Betrachten auf sich aufmerksam! Kämpfen Sie um einen Job, bei dem Schnelligkeit und Service gefragt sind? Dann ist dies die Art und Weise, wie Sie dem Unternehmen zeigen können, dass Sie verstanden haben, worum es in dem Job geht!

Die optische sowie haptische Differenzierung macht deutlich, dass Sie sich überdurchschnittlich mit der Bewerbung auseinander gesetzt haben und somit großes Interesse an der ausgeschriebenen Stelle haben.

Tina Hoffmann
Liebigstraße 13
D-80802 München
tina@hoffmann.com

Fon: 0 89/33 03 62 62
Fax: 0 89/33 03 62 61
ISDN: 0 89/33 03 62 60
Mobil: 01 71/44 33 999

Chromedion GmbH
Personalleitung München
Mozartstraße 10

D-80805 München

14. September 2004

Bewerbung als Junior Art Director auf Ihre Stellenanzeige in der Werbezeitung

Sehr geehrte Damen und Herren,

mit großem Interesse habe ich Ihre Anzeige in der Werbezeitung gelesen. Für die angebotene Stelle bringe ich alle geforderten Eigenschaften sowie Kreativität und die Begeisterung für Ihre Agentur mit.

Zurzeit bin ich Junior Art Director der Kommunikationsagentur Engelstreu und betreue einige Buchverlage, Autohersteller und eine große deutsche Fluggesellschaft. Außerdem bin ich für die gesamte Eigenwerbung der Agentur zuständig.

Um mich beruflich weiterentwickeln zu können, möchte ich gerne Ihre beeindruckende Agentur unterstützen und währenddessen ein Abendstudium an der Akademie für Marketing absolvieren.

Neben Erfahrungen bei Engelstreu habe ich durch die jahrelange Tätigkeit für den Verlag EDITION XXL gelernt, was es heißt, Bücher von der ersten Idee bis zum fertigen Produkt zu erstellen. Dabei hatte ich große Freude bei der Koordination des Produktionsablaufs: intern mit der Herstellungsabteilung und der Redaktion sowie extern mit den Lizenzagenturen, Fotografen, Bildagenturen, Lektorat, den Repro-Studios, Druckereien und Kunden. Neben Erstauflagen gehörten auch Nach- und Neuauflagen zu meinem Aufgabenfeld.

Durch diesen Nebenjob konnte ich mein dreijähriges Studium als Grafik-Designerin finanzieren und sehr erfolgreich beenden. Schon da habe ich mich auf den Bereich Werbung spezialisiert und erwarb somit neben Gestaltungs- bereits erste Marketing-Kenntnisse.

Meine vorausgegangene Ausbildung zur Fremdsprachensekretärin hat mir eine organisierte und engagierte Arbeitsweise beigebracht. Schon zu diesem Zeitpunkt habe ich in Nebenjobs und Praktika (u. a. bei einer Lizenzagentur) Korrespondenz erledigt, war auf internationalen Messen tätig und konnte somit mein Englisch auch im geschäftlichen Bereich perfektionieren. Dabei hatte ich die Möglichkeit, meine Belastungsfähigkeit und meine Bereitschaft zu überdurchschnittlichem Engagement zu beweisen.

Ich denke, dass ich durch meine Sprachkenntnisse, die kaufmännische Ausbildung und meine bereits erworbenen Fähigkeiten im Bereich Marketing und Grafik in Ihr erfolgreiches Team passe und würde mich über eine Einladung zum persönlichen Gespräch ganz besonders freuen.

Mit freundlichen Grüßen

Tina Hoffmann

Tina Hoffmann

Anlagen
Lebenslauf
High School Diploma
Zeugnis der allgemeinen Hochschulreife
Arbeitszeugnis Euro Partner, Lizenzagentur
Abschlusszeugnis Fremdsprachensekretariat
Arbeitszeugnis EDITION XXL GmbH
Teilnahmebestätigung: Wirkungsvoll präsentieren
Abschlusszeugnis Grafik Design

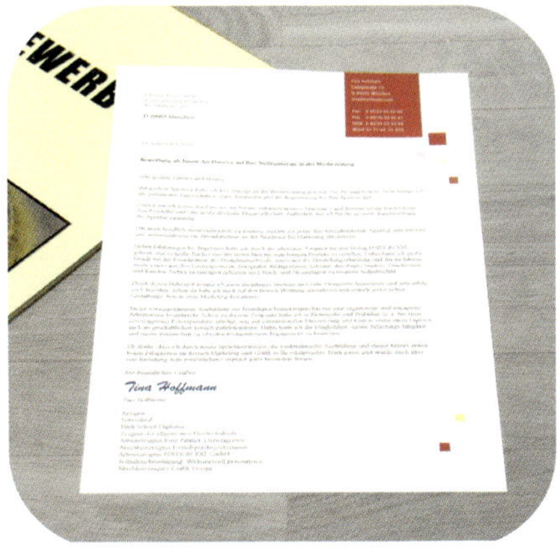

Achtung, Heißhunger:

Diese Schachtel schreit nach Aufmerksamkeit: Wer sie zwischen die Finger bekommt, will sehen, wer oder was sich dahinter verbirgt! Die perfekte Bewerbung für aufgeschlossene und motivierte Leute!

1. Zur Umsetzung benötigen Sie: einen Pizzakarton (nicht kleiner als 30 x 30 cm, 2 Dosen Sprühfarbe (z. B. gelb und rot), wieder lösbares Klebeband, etwas altes Zeitungspapier, 3 mm starke Graupappe (ca. 50 x 30 cm), Sprühkleber, eine transparente Klemmleiste, ca. 1 x 1 m gelbes Fotopapier und 30 x 35 cm rotes Fotopapier, Klebeband, Geodreieck, doppelseitige Klebefolie, Teppichmesser, Sekundenkleber und ein großes Bewerbungsfoto.

2. Klappen Sie den Pizzakarton so weit wie möglich auf und legen Sie ihn auf etwas altes Zeitungspapier. Schütteln Sie die Sprühfarben nach Anweisung und besprühen Sie den Karton. Wenn Sie zwei verschiedene Farben benutzen, so kleben Sie am besten die eine Seite des Kartons mit etwas wieder lösbarem Klebeband und Zeitungspapier ab. Nach mehrmaligem Besprühen den Karton zum Trocknen auf die Seite stellen.

3. Erstellen Sie am Computer oder auch mit der Hand ein Schild für das anschließende Zukleben des Kartons. Fertigen Sie eine Art Steckbrief an. Benutzen Sie dabei möglichst originelle Umschreibungen Ihrer Person. Verwenden Sie auch Adjektive, die nicht zu Ihnen passen. Kreuzen Sie dann nur jene an, die Sie beschreiben.
Passend dazu können Sie das Adressschild entwerfen und dieses vorsichtig mit dem Sprühkleber anbringen.

4. Entwerfen Sie aus dem gelben Papier ein Deckblatt für die Mappe. Wichtig ist, dass der Empfänger nach dem Öffnen des Kartons sofort sieht, dass es sich um eine Bewerbung handelt. Wenn Sie zusätzlich noch ein interessantes Foto von sich auf das Cover bringen, macht das Hineinschauen in die Mappe gleich doppelt so viel Spaß!

5. Schneiden Sie die Graupappe in zwei gleich große Teile mit je 21,5 x 30 cm. Lassen Sie je nach Stärke der Klemmleiste einen Abstand von ca. 1 cm zwischen den Pappen und kleben Sie sie mit Klebeband aneinander. Besprühen Sie das Papier mit dem Sprühkleber und legen Sie die Pappe vorsichtig auf das farbige Papier.

6. Bekleben Sie auch die andere Seite der Mappe mit dem Papier Ihrer Wahl und schneiden Sie das überstehende Papier weg. Den Rücken der Mappe verstärken Sie zusätzlich noch mit dem roten Papier.
Anschließend die Klemmleiste mit Sekundenkleber festkleben und die Bewerbungsunterlagen vorsichtig einschieben.

Tina Hoffmann
Liebigstraße 13
D-80802 München
tina@hoffmann.com

Fon: 0 89/33 03 62 62
Fax: 0 89/33 03 62 61
ISDN: 0 89/33 03 62 60
Mobil: 01 71/44 33 999

Lebenslauf

Persönliche Angaben

Geburtstag: 18. Juni 1978
Geburtsort: Darmstadt
Staatsangehörigkeit: deutsch
Familienstand: ledig

Schulbildung

September 2000–August 2003	Fachhochschule, München Abschluss: Diplom-Grafik-Designerin
August 1998–Juni 2000	Berufliche Schulen, Frankfurt Abschluss: Staatl. geprüfte Fremdsprachensekretärin
August 1995–Juni 1998	11.–13. Schuljahr (Oberstufe), Rheinstadt Abschluss: Abitur
August 1994–Mai 1995	Green Forest High School, USA Abschluss: High School Diploma
August 1990–Juli 1994	7.–10. Schuljahr (Mittelstufe am Gymnasium), Rheinstadt
August 1988–Juli 1990	5.–6. Schuljahr (Förderstufe), Reichenheim
August 1984–Juli 1988	1.–4. Schuljahr (Grundschule), Reichenheim

Berufserfahrung

Oktober 2003–heute	Kommunikationsagentur Engelstreu, München Junior Art Director
November 1997–September 2003	EDITION XXL GmbH, Frankenhausen Herstellung
Juni 1999–Juli 1999	Lizenzagentur Euro Partner, München Organisation und internationale Korrespondenz
Computerkenntnisse	MS Office, PhotoShop, Painter, FreeHand, QuarkXPress, Illustrator, Flash, Acrobat.
Sprachkenntnisse	Englisch in Wort und Schrift Französisch und Spanisch Schulkenntnisse
Freizeitaktivitäten	Neue Medien, Sprachen, Fotografie, Sport, Lesen.

...

Das Anschreiben sowie der Lebenslauf sollten entweder neutral sein oder sogar dem Look der Pizzaschachtel angepasst werden (durch gleiche Farben und Schriften).

Allerdings sollten Sie auch beim Schreiben des Lebenslaufes darauf achten, dass Sie keine Normregeln verletzen, da die Bewerbung bei all ihrer Originalität nicht ihren Zweck verfehlen darf: ein schneller umfangreicher Überblick für den Betrachter.

Achten Sie bei der Gestaltung der Pizzaschachtel (Farben, Typografie, Fotos) genau auf das Unternehmen, bei dem Sie sich bewerben. Sie werden schnell feststellen: Eine Pizzaschachtel kann nicht nur praktisch sein, sondern auch schnell sehr edel wirken und somit vielleicht noch einen schönen Nebeneffekt erzeugen.

Es gibt keine festen Regeln dafür wie lang ein Lebenslauf sein darf. Sollte er wie in diesem Fall nicht auf einer Seite unterzubringen sein, so benutzen Sie ruhig eine zweite. Wichtig ist dabei nur, dass Sie durch die Angabe der Seitenzahl darauf hinweisen, dass der Lebenslauf noch weitergeht. Auch Ort, Datum und Unterschrift dürfen wie immer nicht vergessen werden.

Das Foto befindet sich bei dieser Bewerbung auf der Mappe und nicht auf dem Lebenslauf.

Clevere Bewerbungs-Tipps und Tricks:

- Natürlich können Sie nicht jedem Unternehmen, bei dem Sie sich bewerben, eine solch aufwändige Bewerbung schicken. Suchen Sie sich Ihre persönlichen Lieblingsangebote heraus.
- Da Bewerbungen den Empfänger meist schnell erreichen sollen – Sie wollen ja bei den Ersten sein –, sollten Sie den Pizzakarton möglichst schnell abschicken, da die Beförderung länger dauert als bei einem normalen Brief. Sollte Ihnen das zu lang vorkommen, so bringen Sie den Karton am besten persönlich vorbei.
- Sie bekommen den Job? Dann ist eine kleine Pizzalieferung ein sympathischer Einstand ins neue Unternehmen. Guten Appetit!

BeWerbung für Reinigungsunternehmen, Hygienemittelhersteller, Schwimmbad, ...

Das Säubern von Gegenständen, Räumen, Böden und Wänden kommt Ihnen sehr vertraut vor? Sie bedienen Reinigungsmaschinen und -geräte aus dem Effeff und kennen sich mit Oberflächen wie z. B. Stein, Kunststoff, Holz und Glas bestens aus?

Dann sind es das Element „Wasser“ und das Motto „Hygiene“, die Sie in Ihren Bewerbungsunterlagen unbedingt vermitteln sollten.

Was könnte dazu besser geeignet sein als aufsteigende Seifenblasen? Zeigen Sie diese nicht nur auf Ihrer Mappe, sondern auch auf dem Anschreiben. Drucken Sie sie dazu am besten mit auf den Briefbogen, oder kaufen Sie Briefpapier, das mit Seifenblasen versehen ist. Auf dem Anschreiben sollten Sie allerdings nicht dreidimensional mit Aufklebern oder Moosgummi arbeiten, da das Papier stets einfach zu kopieren oder zu faxen sein muss.

Das Beispielanschreiben geht an ein Gebäudereinigungsunternehmen. Allerdings erfüllt die Bewerbung auch für einen Bademeister im Schwimmbad oder einen Produktmanager, der sich bei einem Hygienemittelhersteller bewirbt, durchaus ihren Zweck.

Gegebenenfalls können Sie noch einen netten Nebeneffekt erzielen, indem Sie eine Packung Reinigungstücher oder Seifenblasen beilegen. Dies hat den Vorteil, dass der Sachbearbeiter z. B. einige Seifenblasen aus dem Röhrchen pustet, und schon ist das Vergessen Ihrer Bewerbung nahezu unmöglich. Wichtig ist hierbei nur, dass Sie in Ihrem Anschreiben Bezug auf die Beilage nehmen.

In Ihrem Job geht nichts ohne Wasser? Dann zeigen Sie es auch in Ihrer Bewerbung. Lassen Sie Wassertropfen und Seifenblasen durch Ihre kompletten Bewerbungsunterlagen schweben und umhüllen Sie das Ganze mit glasklaren Materialien: Der Personalverantwortliche wird schnell erkennen, dass Sie einen Sinn für Ästhetik und Hygiene haben.

Bringen Sie diese Sauberkeit auch in der Ausarbeitung Ihres Anschreibens rüber, und schon sind Sie nicht nur visuell Ihren Mitbewerbern ein weites Stück voraus.

Timo Richter
Seestraße 81
D-64897 Frankenhausen
Fon: 0 69 11/98 73 83
Mobil: 01 71/3 92 83 99

5. September 2004

Personalabteilung
Facility Management GmbH
Frankfurter Straße 265

D-69483 Frankfurt am Main

Bewerbung als Glas- und Gebäudereiniger
Anzeige in den „Frankfurter Nachrichten“ vom 3. September 2004

Sehr geehrte Damen und Herren,

möchten Sie gerne einen Glas- und Gebäudereiniger einstellen, der körperlich belastbar ist und verantwortungsbewusst arbeitet? Einen, der mit unhygienischen Gegenständen umgehen kann und stets bereit ist, frühmorgens oder spätabends zu arbeiten?

Dann bin ich der Richtige für Sie!

Gerade für Ihr Unternehmen werden meine Qualifikationen und beruflichen Erfahrungen von außerordentlichem Interesse sein, da ich seit meiner Ausbildung zum Gebäudereiniger in verschiedenen Bürokomplexen, Einkaufszentren und hauptsächlich Krankenhäusern tätig war. Dort habe ich gelernt, dass Hygiene ein absolutes Muss ist.

Inzwischen habe ich zehn Jahre Berufserfahrung sammeln können und mein Arbeitsmotto lautet: Reinigen – Pflegen – Schützen!

Habe ich Ihr Interesse geweckt? Dann stelle ich mich gerne in einem persönlichen Gespräch bei Ihnen vor.

Mit freundlichen Grüßen

Timo Richter

Timo Richter

Anlagen

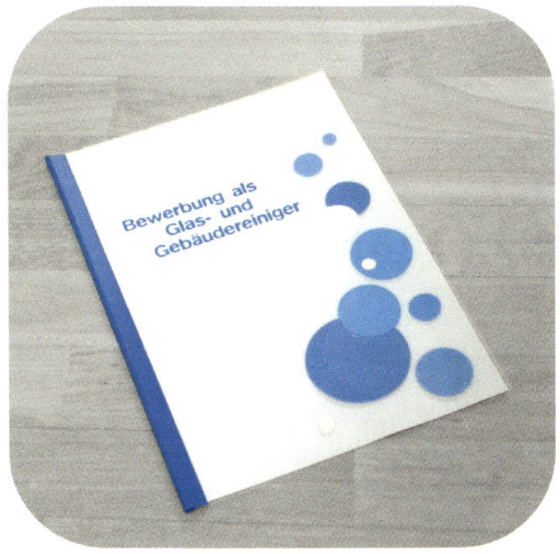

Blubb, blubb, blubb:

Ohne Wasser geht in Ihrem Job überhaupt nichts? Gestalten Sie eindeutige Bewerbungsunterlagen, die farblich und inhaltlich so klar gestaltet sind, dass sie stets an Wasser und Hygiene erinnern.

1. Zur Umsetzung benötigen Sie: verschieden große, runde Moosgummiformen in unterschiedlichen Blautönen und weiß, ein Stück hellblaues Seidenpapier A2, Bleistift, Schere, Zirkel, Klebstoff oder alternativ doppelseitiges Klebeband, eine blaue Klemmleiste, Geodreieck, zwei transparente Folienstücke A4 und zwei weiße Stücke A4-Papier für Ihren Drucker.

2. Drucken Sie auf das Papier den Titel für Ihre Bewerbungsmappe: „Bewerbung als ...". Legen Sie anschließend die Moosgummistücke wie aufsteigende Seifenblasen um den Schriftzug. Diese können sich gerne überschneiden, das bringt zusätzliche Dynamik. Schneiden Sie die Stellen, an denen es Überlappungen gibt, aus. Kleben Sie anschließend die Blasen fest. Achten Sie dabei darauf, dass sich der Kleber mit dem Moosgummi verträgt. Ggf. sollten Sie auf doppelseitiges Klebeband zurückgreifen.

3. Legen Sie Ihre Bewerbungsunterlagen unter das Deckblatt und umschließen Sie diesen Stapel mit den transparenten Folien. Befestigen Sie das Ganze mit der Klemmleiste.
Legen Sie anschließend die Mappe auf das Seidenpapier. Zeichnen Sie den Umschlag an. Lassen Sie für diesen an allen Seiten einen ca. 3 cm breiteren Rand als Klebelasche. Schneiden Sie die Form aus.

4. Knicken Sie die Ränder vorsichtig ein. Versehen Sie die Seitenklebelaschen mit Klebstoff und klappen Sie den Umschlag langsam zusammen. Überprüfen Sie, ob alles sicher verklebt ist, und lassen Sie den halbtransparenten Umschlag gut trocknen.

5. Stecken Sie Ihre Bewerbungsmappe in den Umschlag und kleben Sie diesen nun vorsichtig mit der noch offenen Klebelasche zu. Lassen Sie das Ganze wiederum gut trocknen.

6. Beschriften Sie ein Blatt Papier mit der Adresse und ziehen Sie mit dem Zirkel einen Kreis darum. Schneiden Sie diesen aus und kleben Sie ihn auf den Umschlag. So kommen die Blasen schön zur Geltung. Wenn Sie nicht möchten, dass gleich erkannt wird, was sich in dem Umschlag befindet, können Sie das Deckblatt Ihrer Bewerbung mit der Rückseite Ihres Anschreibens abdecken.

Lebenslauf

Persönliche Daten

Foto

Name	Timo Richter
Adresse	Seestraße 81 D-64897 Frankenhausen
Telefon	0 69 11/98 73 83
Mobil	01 71/3 92 83 99
Geburtsdatum/-ort	9. Mai 1978 in Berlin
Familienstand	ledig

Berufserfahrung

02/01–heute	Sanita GmbH Desinfektion, Schädlingsbekämpfung und Pflege öffentlicher Gebäude wie z. B. Krankenhäuser.
01/00–01/01	DenkmalRHEINigung GmbH Reinigung, Instandhaltung und Pflege denkmalgeschützer Gebäude.
03/97–11/99	Rhein-Main Hygiene GmbH Einsatz als Gebäudereiniger überwiegend im Außen- und Innenbereich von Wolkenkratzern.

Wehr-/Ersatzdienst

01/96–02/97	Deutsches Rotes Kreuz in Nürnberg Fahrdienst für Behinderte, Einsatzplanung

Berufsausbildung

09/92–07/95	Rhein-Main Hygiene GmbH Desinfektion, Schädlingsbekämpfung und Pflege öffentlicher Gebäude wie Krankenhäuser.

Schulausbildung

09/90–07/92	Eichendorffrealschule in Frankenhausen Realschulabschluss
09/84–07/90	Lessingschule in Frühdorf Grundschule mit Förderstufe

Sonstiges

Interessen und Hobbys	Architekturfotografie Japanische Gartengestaltung
Führerschein	Fahrerlaubnisklasse BE und C

Frankenhausen, 5. September 2004

Timo Richter

Timo Richter

Bei Ihrer glasklaren, steril wirkenden Bewerbung kommt es sicher gut an, wenn Sie etwas festeres Papier benutzen. Nehmen Sie anstatt des sicher günstigeren 80-g-Papiers lieber ein 100-g-Papier. Dies hat den Vorteil, dass es zum einen noch weißer wirkt und außerdem scheinen die Folgeseiten nicht durch.

Lebenslauf und Anschreiben sollten Sie unbedingt auf die gleiche Papiersorte drucken. Wenn Sie dann noch das gleiche Papier zum Kopieren Ihrer Zeugnisse benutzen können, haben Sie eine tolle Einheit geschaffen, die sehr professionell wirkt.

Falls Sie einiges an Berufserfahrung zu bieten haben, was bei dem Stellenanbieter für größtes Interesse sorgen könnte, so ordnen Sie Ihren Lebenslauf antichronologisch – Sie beginnen mit dem jeweils aktuellsten Zeitraum innerhalb eines Abschnitts. So sind wichtige Firmen und Erfahrungen sofort nach den persönlichen Daten ersichtlich.

Die runden Formen der Blasen werden perfekt ergänzt, wenn Ihr Bewerbungsfoto auch noch rund ausgeschnitten ist. Legen Sie dazu zunächst eine runde Schablone über Ihr Foto und wählen Sie einen guten Ausschnitt, oder machen Sie beim Fototermin schon darauf aufmerksam, was Sie mit dem Foto vorhaben, damit der Fotograf genug Rand um Ihr Gesicht lässt.

Clevere Bewerbungs-Tipps und Tricks:

- Selbst wenn Sie tagsüber an Ihrem aktuellen Arbeitsplatz stets erreichbar sind, dürfen Sie niemals die Anschrift Ihres derzeitigen Arbeitgebers angeben, dies kann zu sehr unangenehmen Verwicklungen und zu unnötigem Erklärungsbedarf führen! Sollten Sie oft unterwegs und telefonisch schlecht erreichbar sein, so geben Sie lieber Ihre Mobilnummer an.
- Finger weg von der Frankiermaschine Ihres jetzigen Unternehmens! Der Stellenanbieter wird es selbst bei großem Interesse keinesfalls akzeptieren, dass Sie sich auf Kosten des Unternehmens für Ihre eigenen Bedürfnisse bedienen.

BeWerbung für Mode- und Musteratelier, Schneiderei, Bekleidungseinzelhandel, ...

Besonders in handwerklich-kreativen Berufen machen sich viele Leute selbstständig. So auch in der Bekleidungsindustrie.

Meist ein guter Schritt, der einem neben einem höheren Einkommen auch ein freieres Arbeiten ermöglicht. Schlecht ist, wenn durch die Konjunktur bedingt z. B. die Aufträge zurückgehen. Dann ist der Weg zurück ins Angestelltenverhältnis oft unausweichlich.

Bitte geben Sie die Hoffnung nicht zu schnell auf, da Selbstständige natürlich oft mit etwas größerer Skepsis zum Vorstellungstermin geladen werden. Profitieren Sie von Ihren Vorteilen, die Sie als Selbstständiger haben: Stellen Sie Ihre Arbeiten aus, setzen Sie selbst ein Stellengesuch in eine Zeitung oder versuchen Sie von den geschäftlichen Beziehungen zu profitieren.

Zeigen Sie anhand Ihrer Bewerbung, was Sie während Ihrer Selbstständigkeit auch schon gemacht haben: unermüdlich an sehr ausgefeilten Projekten gearbeitet.

So wird die aufwändige Mappe aus Samt wohl jeden begeistern, da sie absolut über die „Durchschnittsbewerbung" hinausragt. Zeigen Sie, dass Sie den Umgang mit Stoffen und Farben lieben.

Diese Art der Bewerbung ist nicht ausschließlich für diejenigen geeignet, die den Weg zurück in das Angestelltenverhältnis suchen. Auch Schneider oder Verkäufer in Boutiquen oder alle diejenigen, die irgendwie in der Bekleidungsindustrie tätig sind, können großartige Erfolge mit dieser Mappe erzielen.

Ein leuchtend roter Samtstoff, versehen mit einigen Ösen, durch die ein edles schwarzes Band geschnürt ist. So wird die Assoziation mit einem Korsett ins Leben gerufen.

Zeigen Sie, dass Sie Mode lieben und leben und dass der Umgang mit edlen Stoffen und Farben Ihnen somit viel bedeutet. Dieser Bewerbung kann sich niemand so leicht entziehen und sie stellt ein Erlebnis dar, das dem Empfänger wohl lange Zeit nicht aus dem Kopf gehen wird. Aufwändig, aber es lohnt sich!

Janina Wagner

Hamburger Straße 10, D-25801 Nordstadt, Fon: 0 25 98/58 84, Fax: 0 25 98/58 85 62

Atelier Querschnitt
Sandra Käfer
Birkenweg 28

D-22488 Hamburg

28. August 2004

Bewerbung als Modeschneiderin

Sehr geehrte Frau Käfer,

vielen Dank für das freundliche Gespräch mit Ihnen auf der Hamburger Vernissage am letzten Freitag. Es erfüllt mich immer noch mit großem Stolz, dass Sie meine ausgestellten Arbeiten als „außerordentlich kreativ" beurteilt haben und meine Bewerbungsunterlagen wünschen.

Durch meine 10-jährige Berufserfahrung und ständige Reisen über den gesamten Globus kenne ich mich mit den neuesten Modetrends, Stoffen und Farben stets bestens aus. Dabei kann ich nicht nur mit Nadel, Faden und Nähmaschine umgehen, sondern auch am Computer sicher und selbstständig arbeiten.

Besonders gerne erstelle ich Schnittbilder für Partykleider, wobei schon viele fertige Modelle für die Kollektions- und Serienfertigung ausgesucht wurden.

Gerne würde ich diese Arbeiten zukünftig in Ihrem international anerkannten Musteratelier für Abendgardrobe übernehmen und Sie mit neuen Innovationen unterstützen.

Da ich zurzeit auf selbstständiger Basis arbeite, bin ich vertraglich nicht gebunden und könnte zum 1. Oktober bei Ihnen beginnen. Ich stelle mir ein Jahresgehalt von 38.000 bis 40.000 Euro vor.

Auf ein weiteres persönliches Gespräch freue ich mich.

Mit freundlichen Grüßen

Janina Wagner
Janina Wagner

Anlagen

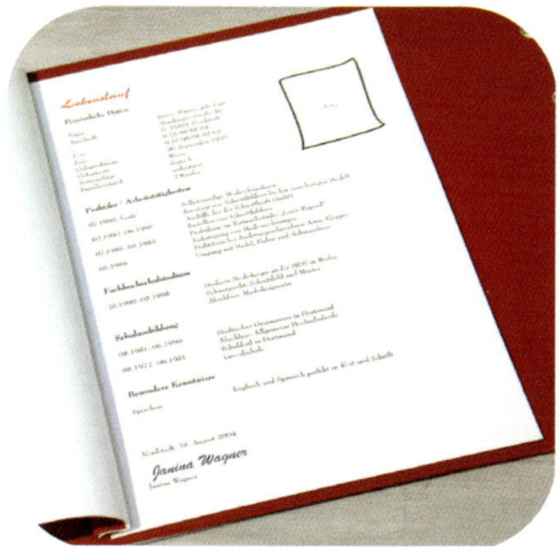

Das fleißige Schneiderlein:

Wenn Sie sich ganz besonders für eine offene Stelle interessieren, können Sie dies durch eine edle „Fleißarbeit" zum Ausdruck bringen. Diese Mappe wird ganz sicher entzücktes Staunen hervorrufen!

1. Zur Umsetzung benötigen Sie: ein Stück weißes Seidenpapier A2, ca. 1,50 x 1 m selbstklebenden Samtstoff,10 Ösen mit Scheiben, einen Hammer, 3 m schwarzes Stoffband, Schere, Geodreieck, Bleistift, Teppichmesser, Sekundenkleber, eine Klemmleiste, rotes Geschenkpapier, ein Stück Karton A2 für die Mappe, einen Zeichenblock mit verschiedenfarbigen Stiften.

2. Entwickeln Sie zunächst eine Modezeichnung. Colorieren Sie das Kleid des Modells, das auf der Rückseite korsettartig zusammengebunden ist, in dem gleichen Rot wie den selbstklebenden Samtstoff.
Schreiben Sie anschließend mit einer dynamischen Schrift „Bewerbung" auf das Deckblatt für Ihre Bewerbung.
Diese Zeichnung ist auch gleichzeitig das Konzept für Ihre Mappe: Sie werden das Korsett des Modells dreidimensional nachahmen.

3. Schneiden Sie mit dem Teppichmesser sowohl ein Stück 22 x 31 cm als auch zwei Stücke 11 x 31 cm aus dem Karton für die Mappe.
Schneiden Sie ein Stück Samt ca. 55 x 41 cm aus, ziehen Sie die Klebefolie ab und befestigen Sie zunächst das Mittelteil der Mappe. Kleben Sie anschließend die Seitenflügel in einem Abstand von 1 cm fest. Schneiden Sie den Samt an den Ecken ein und schlagen Sie ihn um, sodass keine Überlappungen des Samtes entstehen.

4. Bekleben Sie nun den Innenteil der Mappe mit einem passgenauen Stück Samt. Überziehen Sie außerdem die Klemmleiste mit Samt und kleben Sie diese mit Sekundenkleber an der Mappe vorsichtig fest. Befestigen Sie nun die Ösen mit den Scheiben in gleichmäßigen Abständen auf den Flügeln, ziehen Sie das Band ein und schnüren Sie die Mappe mit Ihren Unterlagen vorsichtig zu.

5. Wickeln Sie die Mappe zum Schutz zunächst vorsichtig in das Seidenpapier ein.
Umschlagen Sie sie dann mit dem roten Geschenkpapier. Lassen Sie hierbei Ihrer Kreativität freien Lauf. Wichtig ist nur, dass der edle Umschlag gut zugeklebt ist und dass nichts aufreißen oder herausfallen kann.

6. Mit einem schwarzen Stift beschriften Sie kunstvoll den Umschlag. Üben Sie dazu zunächst auf einem Stück Papier, bis Ihre Hand „warm gelaufen" ist.
Überprüfen Sie nochmals, ob der selbst angefertigte Umschlag gut verklebt ist.
Eine keinesfalls alltägliche Bewerbung, die mit viel Mühe verbunden ist, die aber auch außergewöhnlich positive Reaktionen hervorrufen wird.

Lebenslauf

Persönliche Daten

Name:	Janina Wagner geb. Sipp
Anschrift:	Hamburger Straße 10 D-25801 Nordstadt
Fon:	0 25 98/58 84
Fax:	0 25 98/58 85 62
Geburtsdatum:	26. September 1970
Geburtsort:	Werne
Nationalität:	deutsch
Familienstand:	verheiratet 2 Kinder

Foto

Praktika / Arbeitstätigkeiten

07.1995–heute	Selbstständige Modeschneiderin Kreation von Schnittbildern bis hin zum fertigen Modell
02.1992–06.1995	Aushilfe bei der Schnittkraft GmbH Erstellen von Schnittbildern
07.1988–08.1988	Praktikum im Entwurfsstudio „Louis Rapord" Anfertigung von Modezeichnungen
05.1986	Praktikum bei Änderungsschneiderin Anne Klepper Umgang mit Nadel, Faden und Nähmaschine

Fachhochschulstudium

10.1990–05.1995	Studium Modedesign an der MDS in Berlin Schwerpunkt: Schnittbild und Muster Abschluss: Modedesignerin

Schulausbildung

08.1981–06.1990	Städtisches Gymnasium in Dortmund Abschluss: Allgemeine Hochschulreife
08.1977–06.1981	Schuldorf in Dortmund Grundschule

Besondere Kenntnisse

Sprachen	Englisch und Spanisch perfekt in Wort und Schrift

Nordstadt, 28. August 2004

Janina Wagner
Janina Wagner

Für den Lebenslauf sollten Sie die gleiche, gut lesbare Schrift wie im Anschreiben benutzen. Die Überschrift und der Rahmen für das Bild können dabei etwas verschnörkelt sein.

Achten Sie auch darauf, dass zwischen dem Foto und Ihren persönlichen Daten genug Raum ist. Sonst wirkt alles sehr gedrängt und unübersichtlich.

Beim Namen ist wichtig, dass Sie die Namensveränderung durch familiäre Umstände angeben. So beugen Sie Verwirrungen vor, falls Sie Zertifikate, Urkunden und Zeugnisse haben, auf denen noch Ihr Geburtsname erscheint.

Selbst wenn Ihre Adresse aus dem Anschreiben hervorgeht, geben Sie hier nochmals Ihre kompletten Kontaktdaten an. So kann, selbst wenn der Lebenslauf einmal ohne Ihr Anschreiben weitergegeben oder sogar verlegt wird, noch Kontakt zu Ihnen aufgenommen werden.

Geben Sie Ihre E-Mail-Adresse nur dann an, wenn Sie Ihre E-Mails auch täglich abrufen. Sollte dies nicht der Fall sein, so lassen Sie sie besser weg. Nicht, dass Sie ein Vorstellungsgespräch oder eine Einladung zum Assessmentcenter verpassen.

Der Lebenslauf schließt mit Ort, Datum und Unterschrift.

Clevere Bewerbungs-Tipps und Tricks:

- Wenn Sie einen Beruf ausüben, in dem handwerkliches Geschick gefragt ist, sollten Sie dies bei Ihrer Bewerbungsmappe zur Schau stellen. Durch Ihr handwerkliches Arbeiten können Sie nicht nur Ihre Arbeitsweise, sondern auch die Persönlichkeit – z. B. modischer Typ oder eher traditionell – ausdrücken.
- Achten Sie darauf, dass der Empfänger erkennt, dass Sie sich Mühe gegeben haben: Behandeln Sie Ihre Unterlagen mit äußerster Sorgfalt und wenn dann doch ein kleiner Knick in eine Zeugniskopie kommt, wandert diese ohne Umweg in den Papierkorb. Das ist meist auch der Fall, wenn Sie Bewerbungsunterlagen zurückbekommen. Ist eine Bewerbung durch die Hände vieler Sachbearbeiter gegangen, so ist zumindest das Papier im Anschluss meist nicht mehr brauchbar. Sparen Sie nicht am falschen Ende und ersetzen Sie es!

BeWerbung für Fremdsprachensekretariat, Übersetzungsbüro, ...

Sie lieben fremde Sprachen und Kulturen? Vokabeln büffeln war für Sie nie eine Qual, sondern eher ein Kinderspiel? Dann liegen Sie mit Ihrer Berufswahl als Fremdsprachensekretärin ganz richtig.

Doch Sprachen wollen stets praktiziert und geübt werden, sonst ist der reibungslose Kommunikationsfluss schnell hinüber. Aus diesem Grund sind auch Fortbildungs-, Förder- und Sprachprogramme sehr wichtig. Wenn sich eine Möglichkeit dazu ergibt, sollten Sie sie unbedingt nutzen.

Beim Anschreiben achten Sie mit größter Genauigkeit darauf, dass sie formal sämtliche Regeln einhalten – das erwartet man von einer guten Sekretärin. Auch Rechtschreib- und Zeichensetzungsfehler werden nicht verziehen.

Da alle Bewerber diese Regeln einhalten müssen, grenzen Sie sich durch das Aussehen Ihrer Bewerbungsmappe ab: Zeigen Sie ganz klar, dass Sie eine Art „wandelndes Wörterbuch" sind, das stets in den geforderten Sprachen kommunizieren kann.

Durch diese optische Unterscheidung sind Sie Ihren Mitbewerbern ein großes Stück voraus und Sie schaffen es, ein wenig Leben und damit Charakter in Ihre Bewerbungsunterlagen einzubringen.

Diese Bewerbung ist auch für Übersetzer, Fremdsprachenkorrespondentinnen und alle diejenigen, deren Sprachkenntnisse tagtäglich gefragt sind, bestens geeignet. So auch z. B. für Germanisten: Fügen Sie in diesem Fall einfach ein deutsches Fremdwörterbuch hinzu.

Wenn ein großes gelbes Wörterbuch in der Personalabteilung eingeht, so öffnen sich selbst die erschöpftesten Augen. Wenn dieses dann noch an ein formal absolut perfektes Anschreiben geknüpft ist, so sind der Begeisterung wohl keine Grenzen gesetzt.

Zeigen Sie Ihr großes Interesse an Sprachen. Gerne können Sie auch das Anschreiben in mehreren Sprachen beilegen, wobei Sie formale Regeln natürlich immer einhalten.

Katja Beck
Schellingstraße 53
89290 Offenhausen
Fon: 08382 94837293
Fax: 08382 94837293
E-Mail: katja.beck@uni.de

10. Oktober 2004

Herrn Sebastian Schmidt
Leiter Personalabteilung
Linguista GmbH
Landwehrstraße 21

98390 Moosfeld

Bewerbung als Fremdsprachensekretärin
Ihre Broschüre „LINGUVISTA"

Sehr geehrter Herr Schmidt,

zuerst möchte ich mich herzlich für die Zusendung Ihrer Broschüre „LINGUVISTA – Wachsen in einem internationalen Unternehmen" bedanken. Gerne würde ich zu den fünf Fremdsprachensekretärinnen gehören, die Ihr Unternehmen einstellen und fördern möchte.

Ich denke, dass ich für Ihr Förderprogramm ganz besonders geeignet bin, da ich nicht ganz alltägliche Voraussetzungen mitbringe: Ich bin dreisprachig in England aufgewachsen. Meine deutsche Mutter und mein spanischer Vater waren in einem großen internationalen Konzern in England beschäftigt und sind mit mir nach Deutschland gezogen, als ich 13 Jahre alt war.

In der gymnasialen Oberstufe hatte ich unter anderem als Leistungskurs Französisch gewählt und konnte anschließend in meinem einjährigen Au-pair-Aufenthalt in Paris meine Kenntnisse weit ausbauen.

Meine Ausbildung zur Fremdsprachensekretärin habe ich als Jahrgangsbeste abschließen können. Dies ist nicht allein meinen sprachlichen Fähigkeiten, sondern meiner Begeisterung und meinem Wissen über fremde Länder und Sitten zuzuschreiben.

In einem Gespräch beantworte ich gerne weitere Fragen – auch mehrsprachig, wenn Sie es wünschen!

Mit freundlichen Grüßen

Katja Beck

Katja Beck

Anlagen

Was heißt nochmal ...?

Was hat größere symbolische Kraft für Ihre Fremdsprachenkenntnisse als ein Wörterbuch mit vier Sprachen? Zeigen Sie, dass Sie Spaß am Umgang mit „fremden" Wörtern und Kulturen haben.

1. Zur Umsetzung benötigen Sie: eine Hälfte eines weißen Kartons A4 mit 3 cm Höhe, ein Stück Graupappe A2, ca. 1,50 x 1 m selbstklebende, gelbe Folie, ein Stück Schaumstoffpappe A4 mit 2 cm Stärke, selbstklebende Druckerfolie, eine weiße Klemmleiste, die A4 große Kopie eines Wörterbuches, transparente Geschenkpapierfolie, weiße Adressetiketten, durchsichtiges Klebeband, Klebstoff, Schere, Teppichmesser und Bleistift.

2. Kleben Sie die 2 cm starke Pappe auf dem Boden des Kartons fest. Sollten Sie solch dicke Pappe nicht finden, können Sie mehrere Stücke aufeinander kleben. Der Karton ist der Buchblock eines Wörterbuches und die Graupappe ergibt den Deckel: Dazu benötigen Sie eine Vorderseite, eine Rückseite und einen Buchrücken, die jeweils ca. 5 mm an dem Rand des Buchblocks überlappen. Kleben Sie die Rückenteile mit einigen Millimetern Zwischenraum fest.

3. Bekleben Sie die eine Seite der Graupappe mit der gelben Folie. Überstehende Folie wird an der Seite eingeschnitten, von der Vorderseite nach hinten geklappt und ohne Überlappungen festgeklebt. Beim Auf- und Zuklappen braucht die Pappe Platz. Stellen Sie deshalb den Karton auf den Umschlag und testen Sie, ob sich das Buch gut klappen lässt. Klemmen Sie Ihre Bewerbungsunterlagen mit der Wörterbuchseite als Deckblatt fest und legen Sie sie in den Karton.

4. Nehmen Sie den Karton nach dem Test wieder weg und bekleben Sie nun die Innenseite des Buchumschlags passgenau. Kleben Sie Buchdeckel und Buchblock zusammen. Beschriften Sie die Druckerfolie mit den Wörtern „Bewerbung" und den Sprachen, die Sie sprechen.

5. Bekleben Sie den Buchumschlag mit der Folie. Ein beschrifteter Buchrücken verstärkt die Wirkung des Buches. Verpacken Sie das Buch mit der durchsichtigen Folie und verkleben Sie diese gut mit dem Klebeband.

6. Versehen Sie die Verpackung mit einem Adressetikett. Diese Werbung zu verschicken wird etwas teurer sein, weil sie zu groß für einen Brief ist. Für Sie heiligt der Zweck die Mittel. Machen Sie allerdings in Ihrem Anschreiben darauf aufmerksam, dass der Karton nicht zurückgeschickt werden muss. Dies könnte sonst vielleicht Unmut bei dem Unternehmen hervorrufen.

Lebenslauf

Name:	Katja Beck	
Anschrift:	Schellingstraße 53 89290 Offenhausen	
Fon:	08382 94837293	
Fax:	08382 94837293	
E-Mail:	katja.beck@uni.de	
Geburtstag:	13. April 1982	
Geburtsort:	London, GB	
Familienstand:	ledig	
Staatsangehörigkeit:	englisch	

Foto

Schule und Ausbildung:	09/87–06/93	Pansy Primary School in London Primarbereich
	09/93–06/95	British Secondary Modern in London Sekundarbereich
	07/95–06/00	Eleonorengymnasium in Offenhausen Abschluss: Abitur (2,0)
	07/00–07/01	Au-pair-Aufenthalt in Paris 250 Stunden Sprachunterricht
	08/01–06/04	Stauffenbergschule Frankfurt Abschluss: Fremdsprachensekretärin (1,0)
Beschäftigungen:	11/01–01/04	SMC Foreign GmbH Aushilfe im Sekretariat
	02/04–heute	Übersetzungsbüro Wieser Abwicklung internationaler Korrespondenz

Besondere Kenntnisse: Englisch perfekt in Wort und Schrift
Spanisch perfekt in Wort und Schrift
Französisch perfekt in Wort und Schrift
PC- und Internetkenntnisse

Freizeitbeschäftigungen: Betreuung von Austauschschülern aus Spanien und den USA, Salsa, englische Literatur und französische Lyrik

Offenhausen, 10. Oktober 2004

Katja Beck

Katja Beck

Fremde Sprachen sind nicht nur Ihr Beruf, sondern auch einer der wichtigsten Teile in Ihrem Leben. Zeigen Sie in Ihrem Lebenslauf, dass Sie alles dafür tun, um sie regelmäßig zu praktizieren und dadurch immer besser zu werden! So z. B. durch Auslandsaufenthalte, die Ihr Wissen über Sprache und Kultur gefördert haben.

Geben Sie außerdem ggf. die fremde Staatsangehörigkeit an, da diese dem Empfänger nochmals die Fakten aus dem Anschreiben ins Gedächtnis ruft.

Um in ein Förderprogramm aufgenommen zu werden, müssen Sie nicht nur starkes Interesse, sondern auch gute Voraussetzungen haben. Sie müssen qualitativ besser als Ihre Mitbewerber sein. Dies zeigen Sie zum einen mit Ihrer außergewöhnlichen Mappe, aber auch durch Ihren wirklich aufschlussreichen Lebenslauf.

Wie auch beim Anschreiben müssen Sie als Sekretärin genau auf Rechtschreibung achten. Schon ein einziger Schreibfehler kann Sie auf den Stapel der „uninteressanten" Bewerbungen befördern.

Kleine Feinheiten wie das Erwähnen der besonders guten Abschlussnote müssen nicht ausschlaggebend für eine Einladung zum Vorstellungsgespräch sein, schaden kann das jedoch nie!

Clevere Bewerbungs-Tipps und Tricks:

- Sie haben Ihre aufwändige Bewerbungsmappe losgeschickt und selbst nach etlichen Wochen noch nichts von dem Unternehmen gehört? Geben Sie sich einen Ruck und rufen Sie dort an, um nachzuhaken. Ein Anruf nervt nicht, sondern zeigt lediglich Interesse.
- Sollten Ihre Unterlagen gar nicht erst bei dem Unternehmen angekommen sein, bitten Sie darum, diese noch nachreichen zu dürfen.
- Wenn das Unternehmen nach einer Absage, selbst nach einigen Versprechen, die Unterlagen nicht zurückschickt, nehmen Sie das besser in Kauf, als sich darüber aufzuregen. Das ist reine Energieverschwendung!

BeWerbung für Spedition, Versandhaus, Unternehmen für Schutz und Sicherheit, ...

Eine zuverlässige und sichere Arbeitsweise ist wohl in jedem Beruf gefordert. Dennoch gibt es verschiedene Jobs, bei denen diese Eigenschaften absolute Priorität haben. Nämlich dann, wenn es um das Leben von Menschen oder den Versand zerbrechlicher Waren geht.

Durch die Luftpolsterfolie zeigen Sie, dass Sie Mensch und Gut schützen wollen. Stuntmen, Ordner oder Speditionskaufleute sind Menschen, an die man sich wendet, um ihnen etwas anzuvertrauen, weil man sich auf sie verlässt. Zeigen Sie, dass Ihnen das bewusst ist und Sie mit Ihrer „Schutzfunktion" niemals fahrlässig umgehen. So auch bei Dingen, die Ihnen persönlich wertvoll erscheinen: Ihre Bewerbungsunterlagen.

Im Beispielanschreiben ist ein Konkurrenzunternehmen auf einen Angestellten zugekommen. Dies passiert im Laufe eines Berufslebens wohl jedem das eine oder andere Mal und wenn das Angebot verlockend klingt, so steht einer Bewerbung eigentlich nichts mehr im Wege – besonders dann, wenn das Unternehmen, in dem Sie zurzeit angestellt sind, sowieso kurz vor dem Aus steht.

Wenden Sie sich freundlich an den Interessenten und bedenken Sie, dass der Joker eindeutig in Ihrer Hand liegt. Gehen Sie jedoch nicht leichtsinnig damit um oder verspielen Sie ihn sich zu schnell. Sicher kann es sein, dass es sich um ein Unternehmen handelt, das Sie bisher nicht kannten oder bei dem Sie sich von sich aus nicht beworben hätten, doch schauen Sie sich das Unternehmen an. Und wenn es nur darum geht, etwas Routine in Bewerbungsgesprächen zu bekommen.

Stecken Sie Ihre Bewerbung in eine Luftpolsterfolie und schon haben Sie die Möglichkeit, sämtliche Sinne des Personalverantwortlichen zu reizen. Denn neben der intelligenten Umsetzung von Schutz und Sicherheit bringt die Mappe auch noch eine Menge Spaß mit sich: Die Folie wird gerne zusammengedrückt. Und neben diesem Gefühlserlebnis wird auch der Hörsinn angeregt (durch das leise Knallen).

Je mehr Sinne durch Ihre Bewerbung angeregt werden, umso größer ist die Wahrscheinlichkeit, dass Sie dem Empfänger im Gedächtnis bleiben.

Jan Becker
Bahnhofstraße 26
D-58325 Springstadt
Fon: 0 59 87/94 83
Fax: 0 59 87/94 83 28
E-Mail: bewerbung@jan-becker.de

Herrn Kai Müller
Leiter Personalabteilung
Spedition Transporta GmbH
Schillerstraße 97

D-58921 Dornstadt

13. Oktober 2004

Bewerbung als Speditionskaufmann
Telefonat mit Ihnen am 13. Oktober 2004

Sehr geehrter Herr Müller,

ich danke Ihnen nochmals für das freundliche Telefongespräch und sende Ihnen hiermit meine Bewerbung als Speditionskaufmann.

Wie Sie bereits von Ihrem Angestellten, Herrn Heinz Herrmann, mitgeteilt bekommen haben, bin ich zurzeit bei der Inter Spedition tätig. Ob japanische Videorekorder, argentinisches Leder oder deutsche Autos: Ich sorge täglich dafür, dass alle Waren rund um die Welt pünktlich und sicher transportiert werden. Und wenn einmal etwas schief läuft, so bearbeite ich Kundenbeschwerden mit großer Sorgfalt.

Durch meine Italienisch-, Polnisch-, Englisch- und Französischkenntnisse kann ich besonders gut mit internationalen Kunden schriftlich und mündlich kommunizieren und sehe auch auf diesem Gebiet meinen Einsatzbereich in Ihrer Spedition.

In einer Zeit, in der immer mehr Unternehmen aufgrund einer schlechten Auftragslage nicht mehr konkurrenzfähig sind, steht leider auch – wie Sie bereits wissen – die Inter Spedition kurz vor der Schließung. Deshalb freut es mich besonders, dass Sie Ihr Interesse an mir und meiner Arbeit geäußert haben, und kann ab dem 1. Dezember Ihrem Unternehmen zur Verfügung stehen.

Auf ein persönliches Gespräch freue ich mich.

Mit freundlichen Grüßen

Jan Becker

Jan Becker

Anlagen

Wenn Sicherheit zählt:

Sie sind verantwortlich für das Leben von Menschen oder die sichere Ankunft von Waren? „Schutz“ steht in Ihrem Beruf an erster Stelle? Dann zeigen Sie so, dass Sie sich darüber im Klaren sind!

1. Zur Umsetzung benötigen Sie: eine transparente Mappe mit einer Klemmleiste, ca. 2 x 1 m Luftpolsterfolie, ein weißes Stück Papier im Format A4, durchsichtiges Klebeband, einen Aufkleber mit der Aufschrift „Vorsicht Glas“ o. ä., Schere, Bleistift, selbstklebende Adressetiketten.

2. Legen Sie die Mappe im aufgeschlagenen Zustand auf die Luftpolsterfolie. Schneiden Sie die Folie vorsichtig links und rechts von der Mappe in einem Abstand von ca. 15 cm und oben und unten von ca. 1 cm aus. Basteln Sie aus der Folie einen Umschlag für die Mappe: Die Seitentaschen auf der Innenseite mit dem Klebeband festkleben und den entstandenen Umschlag von innen nach außen drehen. Nun sind die kleinen luftgepolsterten Hügel alle auf der Außenseite zu sehen und zu fühlen.

3. Drucken Sie in großen, schwarzen Buchstaben das Wort „Bewerbung“ auf das weiße A4-Papier. Legen Sie es auf die transparente Mappe und schieben Sie alles in den Umschlag. Achten Sie dabei darauf, dass Sie die kleinen Luftbläschen nicht eindrücken.

4. Um den Umschlag zu basteln, legen Sie Ihre Bewerbungsmappe auf die übrig gebliebene Luftpolsterfolie. Schneiden Sie diese an den Seitenrändern in einem Abstand von ca. 1,5 cm und an einer Verschlussseite im Abstand von etwa 4 cm ab.

5. Kleben Sie wiederum die Folie von innen mit dem Klebeband fest und drehen Sie den fertigen Umschlag von innen nach außen.
Stecken Sie Ihre Bewerbungsunterlagen vorsichtig in die Hülle und kleben Sie diese mit dem Band zu.

6. Beschriften Sie das Adressetikett und kleben Sie es vorsichtig auf den Umschlag.
Oben rechts sollten Sie ein weiteres weißes Etikett aufkleben, dort kommt anschließend die Briefmarke hin.
Der Aufkleber „Vorsicht Glas“ gibt dieser Bewerbung den letzten Schliff, um zu zeigen, dass hier alles um das Thema Schutz und Sicherheit geht!

Lebenslauf

Jan Becker
Bahnhofstraße 26
D-58325 Springstadt
Fon: 0 59 87/94 83
Fax: 0 59 87/94 83 28
E-Mail: bewerbung@jan-becker.de

Foto

Persönliche Daten

Name:	Becker, Jan Thorsten Günter
Geburtsdatum:	29. März 1958
Geburtsort:	Düsseldorf
Familienstand:	verheiratet 3 Kinder

Berufstätigkeit

08.91–heute	Inter Spedition Springstadt - Verantwortlich für 25 Mitarbeiter - Regelung des internationalen Transportverkehrs
07.85–07.91	Internationale Kraft GmbH Ruhrheim - Disponieren von Speditionsleistungen - Ermittlung von Verkehrsverbindungen
12.78–05.85	Spedition Schwarz Unna - Erstellung von Kostenangeboten - Abwickeln von Speditionsaufträgen

Berufliche/Außerberufliche Weiterbildung

10.98–12.98	Schulzentrum für Kaufleute Berlin Umgang mit Kunden aus aller Welt
10.91–12.92	Berufsfachschule Unna Logistikkonzeption und -durchführung

Zivildienst

09.77–10.78	Studentenwerk Dortmund Bürotätigkeiten

Berufliche Ausbildung

09.74–06.77	Transimpex GmbH Ausbildung zum Speditionskaufmann

Schulausbildung

09.68–06.74	Realschule in Unna Realschulabschluss

Besondere Kenntnisse

Fremdsprachen	Italienisch, Polnisch, Englisch und Französisch sehr gut jährliche Teilnahme an Sprachkursen der VHS
Sonstiges	Fahrerlaubnisklassen BE und CE

Springstadt, 13. Oktober 2004

Jan Becker

Jan Becker

Das orangefarbene Absender-Feld auf dem Anschreiben hat einen sehr großen Wiedererkennungswert, da es stets an die Sicherheitsaufkleber auf Paketen erinnert.

Deshalb sollten Sie auch bei Ihrem Lebenslauf auf dieses Feld nicht verzichten und es an der gleichen Stelle positionieren. Kleben Sie Ihr Foto einfach unter die Absenderadresse und schon haben Sie sogar eine sehr schöne Gestaltung erzielt.

Wenn Sie mehrere Vornamen haben, so unterstreichen Sie bitte Ihren Rufnamen.

Viel Berufserfahrung in verschiedenen Unternehmen der gleichen Branche ist sehr wertvoll. Deshalb sollten Sie sich auch die Mühe machen, etwas genauer zu beschreiben, was die einzelnen Tätigkeiten in den Unternehmen waren. Somit können Sie evtl. auch einen Aufstieg innerhalb eines oder mehrerer Unternehmen darstellen. Zeigen Sie, dass Sie die letzten Jahre nicht still auf einem Fleck verbracht haben – den Stillstand ist Rückschritt!

Berufserfahrung ist nach vielen Jahren Tätigkeit weitaus wichtiger als die Schulausbildung, deshalb genügt es auch in solch einem Fall, wenn Sie lediglich Ihren letzten Schulabschluss nennen. In welcher Grundschule Sie waren, interessiert dann in der Regel keinen mehr!

Clevere BeWerbungs-Tipps und Tricks:

- Nutzen Sie den natürlichen Spieltrieb der Empfänger für sich! Je mehr Spaß es macht, sich mit Ihrer Bewerbung zu beschäftigen, umso besser bleiben Sie im Gedächtnis. Der Spieltrieb wird übrigens dann geweckt, wenn Sie verschiedene Sinne ansprechen: Das Summen einer Melodie beim Öffnen einer Bewerbung, das Schmecken eines Kaugummis, das Riechen eines angenehmen Duftes, ...

- Überlegen Sie sich bei jeder Bewerbung, mit welchen Materialien Sie in Ihrem Berufsleben tagtäglich zu tun haben, und transportieren Sie diese auf Ihre Mappe – realistisch oder nachgestellt. Dies muss keineswegs immer sehr aufwändig sein. Auf die Idee kommt es an! Z. B. nimmt das Basteln der Mappe und des Umschlages aus Luftpolsterfolie nur ca. 15 Minuten in Anspruch!

BeWerbung für Flughafen, Reisebüro, Kofferhersteller, Reiseveranstalter, ...

Wer gerne verreist und sich auch im Beruf damit beschäftigt, kann das durch seine Bewerbungsunterlagen ganz leicht zeigen.

Nicht nur der ansprechende Koffer, der mit einem Kofferband verschlossen ist, sondern auch der Kofferanhänger und das Flugticket im Innenteil der Mappe zeigen, dass Sie bereit sind für eine Reise direkt zu dem Unternehmen und Ihrem neuen Arbeitsplatz.

Lassen Sie Ihre Begeisterung für Ihren Beruf auch auf das Anschreiben abfärben. Erläutern Sie, warum gerade Sie z. B. als Steward so geeignet sind.

Bedenken Sie, was die Grundvoraussetzungen für diesen Job sind, und erläutern Sie diese anhand von Eigenschaften, die Sie besitzen.

Vielleicht denken Sie sich, dass es Platzverschwendung ist, Ihren Werdegang im Anschreiben zu erzählen, da Sie dies dann nochmals im Lebenslauf tun. Nein, das ist es nicht! Das Anschreiben soll schließlich den Empfänger dazu bringen, sich von Ihnen und Ihren Leistungen zu überzeugen. Er soll merken, dass Sie sich mit der angestrebten Position auseinander gesetzt haben und Sie genau wissen, welche Ihrer Erfahrungen relevant sind. Beziehen Sie sich dabei nicht unbedingt nur auf Fachliches, sondern auch auf Persönliches.

Übrigens: Die Länge des Anschreibens bestimmen alleine Sie! Wenn eine Seite ausreicht, ist das schön, wenn Sie allerdings zwei brauchen, ist das auch o. k. Zumindest besser, als alles auf eine Seite zu quetschen.

Mit nur wenig Aufwand machen Sie aus Ihrer Bewerbungsmappe einen Koffer. Dieser ist nicht aufwändiger zu versenden oder zu überschauen als eine Mappe, dennoch heben Sie sich damit auf den ersten Blick von anderen Bewerbern ab.

Versuchen Sie bei der Umsetzung die „Hausfarbe" des Unternehmens zu wählen und schieben Sie noch ein Flugticket direkt zu dem Unternehmen hinein. Schon wird aus einem Standardkoffer ein genau auf das Unternehmen abgestimmtes Gepäckstück.

Dennis Lang
Maximilianstraße 9
D-49329 Westerstadt
Fon: 0 44 22/93 72 94

15. Februar 2005

Cargo AG
Personalabteilung
Flughafenstraße 101

D-64930 Frankfurt am Main

Bewerbung um einen Ausbildungsplatz als Steward

Sehr geehrte Damen und Herren,

bei meiner Recherche im Internet bin ich auf Ihr Ausbildungsangebot für Stewards gestoßen. Sehr gerne würde ich Ihr Team als tatkräftiger und gut aussehender junger Mann unterstützen.

Schon während meiner Ausbildung zum Reiseverkehrskaufmann habe ich festgestellt, dass ich sehr kontaktfreudig bin und ein sensibles Gespür für die Bedürfnisse der Kunden habe.

Auch mein Nebenjob als Barkeeper bereitet mir seit vielen Jahren Freude und ich habe gelernt, selbst mit anspruchsvoller und manchmal nicht ganz einfacher Clientel umzugehen.

Nun möchte ich mich beruflich in Ihrem anerkannten Konzern weiterentwickeln und meine bereits erworbenen Kenntnisse, meine Flexibilität und meine Servicebereitschaft Ihrem Unternehmen zugute kommen lassen.

Meine sehr guten Russisch- und Spanischkenntnisse möchte ich dabei gerne nutzen und strebe deshalb eine interkontinentale Ausbildung an.

Ich befinde mich zurzeit in einer ungekündigten Stellung in einem Reisebüro und möchte Sie darum bitten, dass Sie mich bei Interesse anrufen.

Mit freundlichen Grüßen

Dennis Lang
Dennis Lang

Anlagen

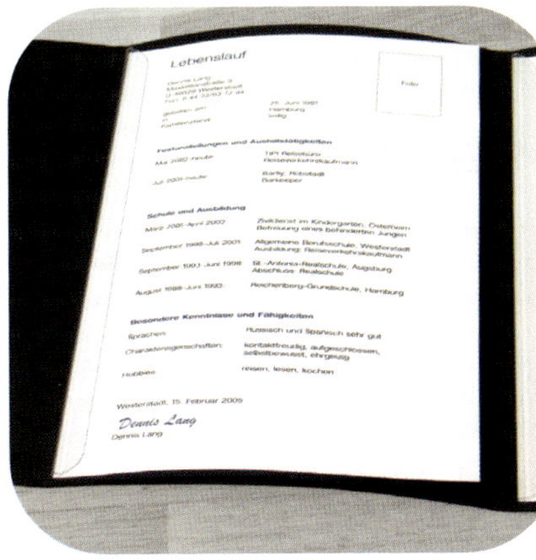

Für Reise- begeisterte:

Wenn Reisen und fremde Länder für Sie ein absolutes Highlight sind, dann ist es schön, wenn Sie Ihr Hobby zum Beruf machen können! Zeigen Sie dem Empfänger, dass Sie bereit zum Abflug sind!

1. Zur Umsetzung benötigen Sie: eine Bewerbungsmappe aus Karton, einen Karton A4 in der Farbe der Mappe und einen in einer anderen Farbe, ein weißes Stück A4-Papier, einen Umschlag in der Farbe der Mappe sowie zwei kleine Karten und ein Adressschild in der anderen Farbe. Schere, Klebstoff, Bleistift und Geodreieck helfen Ihnen beim Basteln.

2. Lassen Sie Ihre Mappe zu einem Koffer werden: Zeichnen Sie dazu auf dem Karton zwei gleich große Griffe an. Schneiden Sie sie aus und kleben Sie sie auf die Vorder- und Rückseite der Mappe.

3. Beschriften Sie den andersfarbigen Karton mit dem Wort „Bewerbung". Wenn der Karton nicht zu dick für Ihren Drucker ist, so sieht es edler aus, wenn Sie das mit dem Drucker machen. Wenn Sie eine schöne Handschrift oder eine Buchstabenschablone haben, so können Sie auch diese zur Hand nehmen. Schneiden und kleben Sie aus dem beschrifteten Stück Karton eine Art Kofferband und legen Sie dieses zunächst um die Mappe.

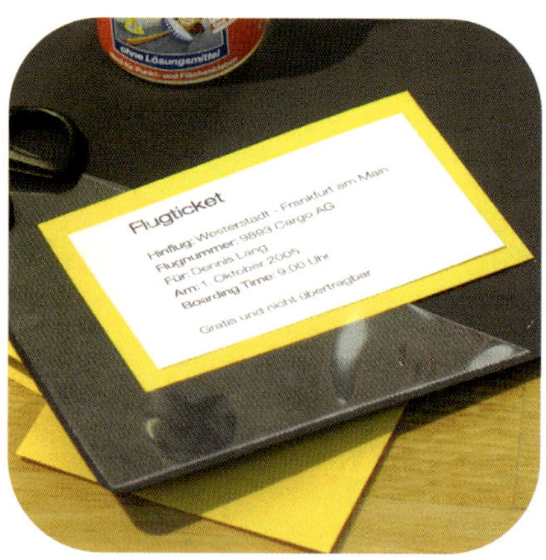

4. Der Kofferanhänger: Nehmen Sie eine kleine Karte, schneiden Sie sie am Rand ein und schieben Sie einen schmalen Streifen, den Sie vorher ausgeschnitten haben, durch. Schneiden Sie aus dem weißen Papier ein Feld, auf das Sie Ihre Anschrift schreiben. Kleben Sie dieses auf den Kofferanhänger. Befestigen Sie ihn am Griff, indem Sie den schmalen Streifen an den Enden zusammenkleben.

5. Das Flugticket zu dem Stellenanbieter darf natürlich nicht fehlen. Beschriften Sie hierzu wiederum ein weißes Feld, das Sie anschließend auf ein etwas größeres Stück Karton kleben und in Ihre Mappe einschieben. Legen Sie alle weiteren Unterlagen in Ihre Mappe und kleben Sie nun das Kofferband zu.

6. Schneiden Sie aus dem Karton das Adressfeld, beschriften Sie es und kleben Sie es auf den Umschlag.
Nehmen Sie den Bewerbungskoffer, klappen Sie die Griffe vorsichtig ein und stecken Sie ihn in den Umschlag.

Lebenslauf

Dennis Lang
Maximilianstraße 9
D-49329 Westerstadt
Fon: 0 44 22/93 72 94

Foto

geboren am:	25. Juni 1981
in:	Hamburg
Familienstand:	ledig

Festanstellungen und Aushilfstätigkeiten

Mai 2002–heute:	TIPI Reisebüro Reiseverkehrskaufmann
Juli 2001–heute:	Barfly, Rübstadt Barkeeper

Schule und Ausbildung

März 2001–April 2002:	Zivildienst im Kindergarten, Osterheim Betreuung eines behinderten Jungen
September 1998–Juli 2001:	Allgemeine Berufsschule, Westerstadt Ausbildung: Reiseverkehrskaufmann
September 1993–Juni 1998:	St.-Antonia-Realschule, Augsburg Abschluss: Mittlere Reife
August 1988–Juni 1993:	Reichenberg-Grundschule, Hamburg

Besondere Kenntnisse und Fähigkeiten

Sprachen:	Russisch und Spanisch sehr gut
Charaktereigenschaften:	kontaktfreudig, aufgeschlossen, selbstbewusst, ehrgeizig
Hobbys:	reisen, lesen, kochen

Westerstadt, 15. Februar 2005

Dennis Lang
Dennis Lang

Sollten Sie kein Freund von Abkürzungen sein, so können Sie bei der Auflistung Ihres Werdegangs natürlich die Monate ausschreiben.

Wenn Sie im Dienstleistungsbereich arbeiten möchten, so kann es angebracht sein, Charaktereigenschaften zu nennen. Diese lassen den Empfänger etwas mehr auf Ihre Persönlichkeit schließen. Diese ist genauso wichtig wie Ihre Qualifikation – mit unliebsamen Eigenschaften könnten Sie es sich schlimmstenfalls nicht nur mit Kollegen, sondern auch mit den Kunden verderben.

Manchmal kann es auch hilfreich sein, einige Fragen offen zu lassen. Wenn Sie z. B. solche unüblichen Fähigkeiten besitzen wie perfektes Russisch, erzählen Sie nicht gleich, dass Ihr Vater Russe ist und Sie es ganz beiläufig im Elternhaus gelernt haben. Lassen Sie sich z. B. diesen Bonus noch für das Bewerbungsgespräch offen.

Sie wissen nicht, wie Sie Ihre Sprachkenntnisse einordnen sollen? Wenn Sie z. B. in Englisch reine Schulkenntnisse haben, so sagen Sie es. Damit ist sofort klar, dass Sie z. B. keine Wirtschaftsvokabeln kennen und auch schriftliche Korrespondenz nur in sehr eingeschränktem Maße ausüben können. Verbringen Sie viel Zeit in England, dann können Sie die Sprache sehr gut oder sogar perfekt.

Clevere Bewerbungs-Tipps und Tricks:

- Bei der Angabe Ihrer Sprachkenntnisse im Lebenslauf niemals hochstapeln! Es kann schon beim Bewerbungsgespräch getestet werden, indem Ihr Gesprächspartner plötzlich auf eine andere Sprache wechselt. Wenn Sie dann nicht geübt und sehr nervös sind, können Sie ganz schön ins Schwitzen geraten.

- Geben Sie nur Hobbys an, die Ihnen wirklich zusagen. Teamsportarten anzugeben, obwohl Sport eher Qual als Wahl ist, macht keinen Sinn. Und die Anzahl der Sachbearbeiter, die in solche Dinge z. B. „Teamgeist“ hineininterpretieren, geht auch stark zurück. Achtung bei Extremsportarten: Diese werden aufgrund der großen Verletzungs- und damit Ausfallgefahr ungern gesehen. Entscheiden Sie je nach Beruf, ob es eher als schlecht oder als gut ausgelegt werden könnte.

BeWerbung für Hard- und Softwaredistributor, Softwareentwickler, Informatiker, ...

Sie sind staatlich geprüfter Informatikassistent, haben Berufserfahrung, einen guten Ruf in Ihrem Unternehmen und plötzlich geschieht das völlig Unerwartete: Das Unternehmen meldet Insolvenz an. Was nun? Sie sollten trotz der Enttäuschung und vielleicht auch Wut versuchen, nicht in Übereifer zu verfallen und sich überall wild zu bewerben.

Haben Sie evtl. während Ihres Anstellungsverhältnisses geschäftliche Kontakte zu Leuten gehabt, die Ihnen jetzt von Nutzen sein könnten? Wenn nicht, dann gehen Sie die Anzeigen in den Fach- und Tageszeitungen systematisch durch und schauen Sie, ob Stellenangebote dabei sind, die auch wirklich zu Ihrem Profil passen. Sie sollten nicht gleich zu kellnern anfangen, da das Ihren bis jetzt unbefleckten Lebenslauf sicher nicht aufwertet. Zunächst sollten Sie wirklich standhaft bei Ihrer wahren Kernkompetenz bleiben. Sollte es tatsächlich keine offenen Stellen für Sie geben, so müssen Sie natürlich Ihr „Angriffsfeld" etwas erweitern und evtl. auch auf Unternehmen zugehen, die Ihnen früher nicht in den Sinn gekommen wären.

Wenn Sie aus der Anzeige eines Unternehmens nicht genügend erfahren, so rufen Sie dort an. Überlegen Sie sich vorher genau Ihre Fragen.
Wenn Sie schließlich genügend Informationen erhalten haben, um Ihre Bewerbung gut auf deren Bedürfnisse zuschneiden zu können, beenden Sie das Gespräch höflich, aber bestimmt, da Personalverantwortliche oftmals furchtbar im Stress sind und Sie sie auf keinen Fall verärgern wollen, bevor Ihre tolle Bewerbung überhaupt erst ankommt.

Alle diejenigen, die in der Computerbranche tätig sind, haben oftmals einen Ruf voraus: Sie sind Freaks!

Zeigen Sie dem Stellenanbieter, dass Sie dazugehören. Auch Sie sind vor lauter Begeisterung ständig an den Computer gebunden und somit auch ein echter Profi.

Deshalb kommt Ihre Bewerbung in einem Notebook auch an – was sonst?

Frank Richter • Sonnenstraße 98 • D-45895 Seefeld
Fon: 0 48 98/39 28 93 • E-Mail: bewerbung@frank-richter.com

Frau
Bettina Schumann
Leiterin Personalabteilung
Computer Soft GmbH
Warenhausallee 293

D-45895 Seefeld

18. Januar 2005

Bewerbung als Informatikassistent der Softwaretechnologie
Anzeige in den „Seefelder Nachrichten" vom 15. Januar
Unser Telefongespräch vom 16. Januar

Sehr geehrte Frau Schumann,

ich nehme Bezug auf unser Telefongespräch vom 15. Januar sowie die Anzeige in den „Seefelder Nachrichten" und bewerbe mich bei Ihnen um eine Stelle als Informatikassistent zum 1. März.

Bis vor einigen Wochen war ich in der Compunetz AG, einem Anbieter von Informations- und Kommunikationstechnik, tätig. Die für mich völlig unerwartete Insolvenz hat mich zunächst sehr überrascht, doch inzwischen sehe ich darin die Chance, einem neuen Unternehmen meine Fachkompetenz anzubieten und beruflich aufzusteigen.

Seit mehr als 15 Jahren löse ich technische und organisatorische Probleme auf DV-Basis und mit Methoden der angewandten Informatik. Deshalb fühle ich mich durchaus der Aufgabe gewachsen, zukünftig in Ihrer Fachabteilung Software zu erstellen und zu pflegen sowie Schulungen und Beratungen durchzuführen.

Neben meiner fachlichen Kompetenz möchte ich mich als äußerst teamfähig und flexibel beschreiben. Wie Sie mir bereits mitteilten, entwickeln und vertreiben Sie Software über verschiedene System- und Softwarehäuser sowie den Software-Groß- und Einzelhandel. Dabei fallen manchmal Arbeiten direkt beim Kunden an. Für diese stehe ich selbstverständlich gerne zur Verfügung.

Ich freue mich auf ein Gespräch und nutze gern die Chance, Sie ganz zu überzeugen.

Mit freundlichen Grüßen

Frank Richter
Frank Richter

Anlagen

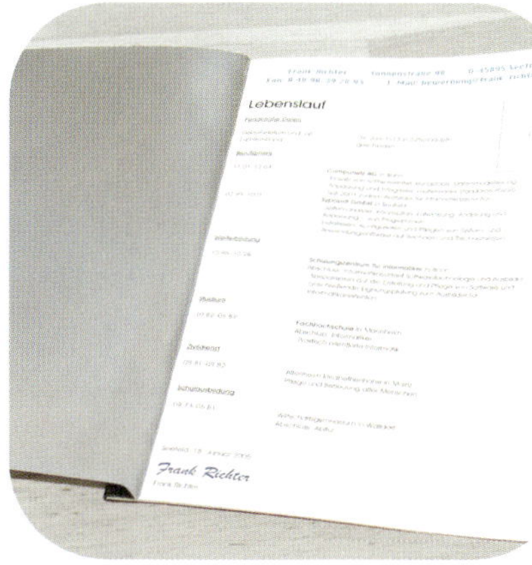

Notebook for free:

Wie wäre es damit: Sie verschenken ein Notebook – aus Pappe! Sicher wird bei einer solch einzigartigen Verpackung die Neugierde auf Sie riesig sein und Sie so zum Vorstellungsgespräch befördern.

1. Zur Umsetzung benötigen Sie: einen Karton in Form eines Notebooks, silberne Sprühfarbe, ein Stück schwarze Klebefolie A4, eine schwarze Klemmleiste, ein Stück silberfarbene Pappe A2, einen grünen und einen silbernen Lackstift, Bleistift, Schere, Klebstoff, Sekundenkleber, Klebeband und Geodreieck. Zum Verschicken des Kartons nehmen Sie einen passenden, gepolsterten, weißen Umschlag und ein selbstklebendes, weißes Adressetikett.

2. Schneiden Sie den Deckel des Kartons an einer langen Seite vorsichtig mit der Schere ein. Besprühen Sie im Anschluss den Karton an allen Seiten mit der silbernen Farbe und lassen Sie ihn gut trocknen.
Kleben Sie die eingeschnittene Seite des Deckels mit etwas Sekundenkleber an dem Unterkarton fest.

3. Simulieren Sie mit einem schwarzen Stück Klebefolie den Bildschirm des Notebooks und kleben Sie an der unteren Seite einige schwarze Felder auf, die Tasten, Displays und Anschlüsse simulieren. Lassen Sie diese noch lebendiger werden, indem Sie mit dem grünen Lackstift kleine Lichter aufmalen.

4. Schneiden Sie aus dem silbernen Karton ein Stück heraus, das in der Mitte gefaltet genau in das Notebook hineinpasst. Kleben Sie die schwarze Klemmleiste mit etwas Sekundenkleber in die Mappe und schieben Sie Ihre Bewerbungsunterlagen vorsichtig hinein.

5. Klappen Sie das Notebook zu und schneiden Sie neun viereckige Felder aus der schwarzen Klebefolie aus, die die Tasten simulieren.
Kleben Sie diese auf und schreiben Sie mit dem silbernen Lackstift auf jede Taste einen Buchstaben, bis sich das Wort „Bewerbung“ ergibt.

6. Versehen Sie den Umschlag mit dem Adressetikett und schreiben Sie „Handle with Care!“ mit dem Lackstift darauf. Dies lässt zusätzliche Aufmerksamkeit schon beim Erhalt des Päckchens entstehen. Es ist zwar teurer, eine Bewerbung als Päckchen zu verschicken, aber die Investition wird sich für Sie sicher lohnen!

Frank Richter · Sonnenstraße 98 · D-45895 Seefeld
Fon: 0 48 98/39 28 93 · E-Mail: bewerbung@frank-richter.com

Lebenslauf

Foto

Persönliche Daten

Geburtsdatum und -ort:	9. Juni 1963 in Zuffenhausen
Familienstand:	geschieden

Berufspraxis

11.01–12.04	**Compunetz AG** in Bonn - Einsatz von Softwareentwicklungstools, Datenmodellierung, Anpassung und Integrieren existierender Standardsoftware. - Seit 2001 zudem Ausbilder für Informatikassistenten.
07.89–10.01	**Syposoft GmbH** in Seefeld - Systemanalyse, Konzeption, Entwicklung, Änderung und Anpassung von Programmen. - Installieren, Konfigurieren und Pflegen von System- und Anwendungssoftware auf Rechnern und Rechnernetzen.

Weiterbildung

10.96–10.98	**Schulungszentrum für Informatiker** in Bonn Abschluss: Informatikassistent Softwaretechnologie und Ausbilder - Spezialisieren auf die Erstellung und Pflege von Software und anschließende Eignungsprüfung zum Ausbilder für Informatikassistenten.

Studium

10.82–06.89	**Fachhochschule** in Mannheim Abschluss: Informatiker - Praktisch orientierte Informatik

Zivildienst

08.81–09.82	Altenheim Elisabethenhöhe in Mainz Pflege und Betreuung alter Menschen

Schulausbildung

09.73–06.81	Wirtschaftsgymnasium in Walldorf Abschluss: Abitur

Seefeld, 18. Januar 2005

Frank Richter

Frank Richter

In vielen technischen und mathematischen Berufen erwarten die Empfänger einen sauberen und äußerst genau geschriebenen Lebenslauf. Verzichten Sie deshalb auf unnötige Schnörkel und viele Farben. Sie fallen bereits durch ein ganz anderes Element auf: das Notebook!

Für Hochschulabsolventen sind Kenntnisse und Fähigkeiten oft weitaus wichtiger als Hobbys und andere Interessen. Sollte Ihr Lebenslauf zu lang und unübersichtlich werden, wenn Sie alle Punkte auflisten, so beschränken Sie sich lieber auf Positionen wie Weiterbildung und Berufspraxis – es sei denn, ein besonderes Interesse übersteigt noch den Nutzen für das zu bewerbende Unternehmen.

Sparen Sie nicht mit Absätzen in der Auflistung. Diese geben dem Ganzen eine leichte Überschaubarkeit. Zudem können Sie wichtige Punkte mit einer fetteren Schrift hervorheben. Doch Achtung: Bitte nicht zu fett, sodass evtl. schon beim ersten Kopieren der Unterlagen nichts mehr lesbar ist.

Auch wenn Sie noch ein gutes Foto von sich zu Hause haben, auf dem Sie jung und dynamisch aussehen – was allerdings auch daran liegen könnte, dass das Foto mindestens 10 Jahre alt ist –, sollten Sie mal wieder einen guten Fotografen aufsuchen.

Clevere BeWerbungs-Tipps und Tricks:

- Keine Angst vor Arbeitslosigkeit, erst recht nicht, wenn Sie unverschuldet in diese Lage gekommen sind. Werden Sie sich darüber bewusst, dass wir täglich – und schon lange nicht mehr nur in den Medien – von vielen Arbeitgebern und noch viel mehr Arbeitnehmern hören, die aufgeben mussten!
- Versuchen Sie nicht Ihre Arbeitslosigkeit zu vertuschen oder deshalb sogar zu lügen. Formulieren Sie sie lieber positiv: Sie haben sich in der Zeit weitergebildet, wären auf Arbeitssuche oder im Ausland.
- Überlegen Sie sich bereits vor dem Vorstellungsgespräch gute Aussagen dazu, wie es zu Ihrer Arbeitslosigkeit kam. Alles ist erlaubt – nur eines kommt nie gut an: meckern über die anderen!

BeWerbung für Baumarkt, Bauunternehmen, Architekturbüro, Immobilienmakler, ...

Angenommen, Sie haben Ihre Ausbildung zur Einzelhandelskauffrau vor einigen Monaten abgebrochen und möchten nun erneut Fuß im Berufsleben fassen.

Da kommt Ihnen ein Stellenangebot in einer Tageszeitung natürlich gleich gelegen.

Sie wissen, dass Sie gegenüber Ihren Mitbewerbern einen großen Nachteil haben und müssen sich deshalb ganz besonders anstrengen. Ihren fehlenden Abschluss können Sie nicht ausgleichen, dennoch können Sie vermitteln, dass Sie z. B. außerordentlich serviceorientiert und fachkompetent arbeiten möchten.

Versuchen Sie nicht, die „Lücke" in Ihrem Lebenslauf zu unterdrücken. Machen Sie am besten schon im Anschreiben kurz darauf aufmerksam und erläutern Sie im Lebenslauf dann etwas genauer, wie es zu der Lücke gekommen ist.
Denn je früher Sie zu einem fehlenden Abschlusszeugnis, einer gekündigten Stellung oder einem schlechten Zeugnis Stellung nehmen, umso weniger kann hineininterpretiert werden.

Dennoch sollten Sie darauf achten, dass Sie die Lücke geschickt formulieren: Über die anderen meckern zählt nicht! Machen Sie nicht Lehrer für schlechte Noten oder Kollegen für den Rauswurf in einer Firma verantwortlich. Das mag zwar stimmen, kommt aber bei dem Personalverantwortlichen nicht gut an. Dies kann höchstens dazu führen, dass er Sie für nicht anpassungsfähig hält. Schreiben Sie lieber auf sympathische Art und Weise, dass es sich dabei um eine „Jugendsünde" oder einen „einmaligen Fehler" handelt.

Für alle diejenigen, die in der Bau- und Wohnungsbranche arbeiten möchten, ist dies der perfekte Grundstein für den Wunschjob.

Ob Sie in einem Fachgeschäft, in einem Büro oder direkt auf der Baustelle tätig sind, ist dabei nicht ausschlaggebend. Der Empfänger wird staunen, wenn er sieht, wie außergewöhnlich stark Sie sich mit Ihrer Mappe auseinander gesetzt haben. Und wen macht eine durchbrochene Bewerbungsmappe nicht neugierig?

Jennifer Santiago

Rosenheimer Straße 51
D-89504 München

jennifer@santiago.de
Fon: 0 89/90 89 74 88
Fax: 0 89/90 89 74 89

Baumarkt AG
Personalabteilung
Goethestraße 218

D-85423 München

6. September 2004

Bewerbung als Kauffrau im Einzelhandel
Ihre Anzeige in der Fränkischen Zeitung vom 2. September

Sehr geehrte Damen und Herren,

„Wie kann ich Ihnen weiterhelfen?" ist nur eine der wohl inzwischen am meisten vermissten Fragen im Einzelhandel. Da ich Ihren Baumarkt schon oftmals als Kundin besucht habe, weiß ich, dass es bei Ihnen nicht so ist und dass Sie sich ganz klar von solchen Servicelücken abgrenzen.

Aus diesem Grund würde ich gerne Ihrem jungen, dynamischen und kompetenten Team angehören. Meine Ausbildung zur Einzelhandelskauffrau musste ich leider aus schwer wiegenden persönlichen Gründen frühzeitig abbrechen, dennoch weiß ich, wie freundlicher Service und gute Beratung funktionieren.

In Ihrer Filiale in München möchte ich gerne zum einen eine Art „Visitenkarte" des Unternehmens darstellen, da mir meine Ausbildung im Gartencenter sowie mein Interesse an allem „rund um den Bau" zu einem weiten Fachwissen verholfen haben, das man von einer jungen Frau oftmals nicht erwartet. Außerdem möchte ich mich „hinter den Kulissen" durch Bestellen, Kontrollieren und Auszeichnen der Ware nützlich machen.

Habe ich Sie auf mich neugierig gemacht? Laden Sie mich bitte zu einem persönlichen Gespräch ein und erfahren Sie mehr von mir.

Mit freundlichen Grüßen

Jennifer Santiago

Anlagen
Lebenslauf
Abschlusszeugnis Realschule
Halbjahreszeugnis Berufliche Schulen, München
Arbeitszeugnis Blumo Gartencenter

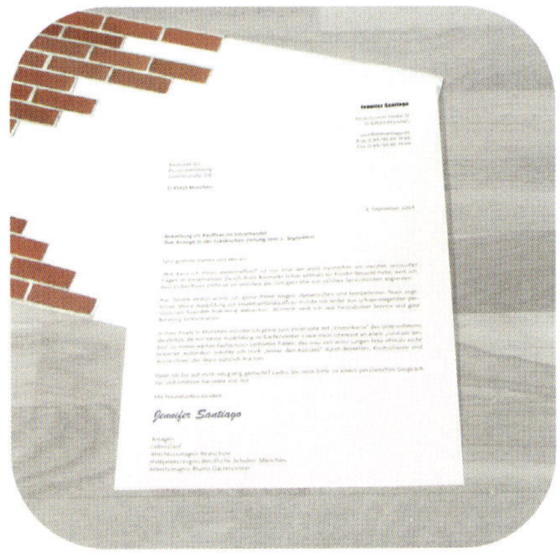

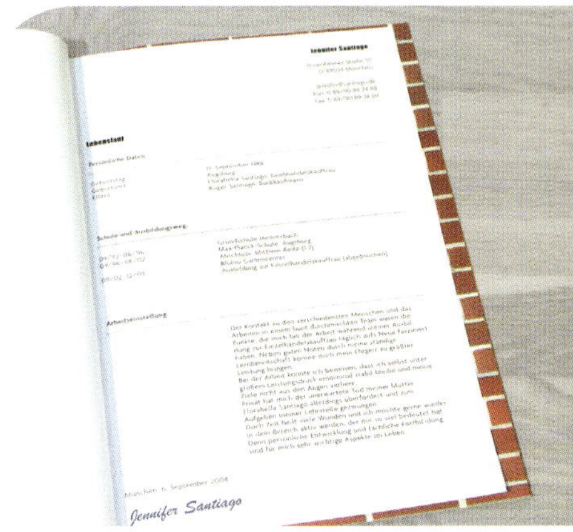

Schaffe, schaffe, ...

An alle Häuslebauer, die mit Tat und Kraft bei der Sache sind. Ob Sie Gebäude planen, bauen, überwachen, verkaufen oder Baumaterial im Fachhandel vertreiben: Der Empfänger wird Bauklötze staunen!

1. Zur Umsetzung benötigen Sie: ein Stück Pappe A2, auf dem ein Stück Mauer gezeigt wird, eine durchsichtige Klemmleiste, für Ihr Bewerbungsdeckblatt ein weißes Stück A4-Papier, ein weißes Kuvert im B4-Format, ein selbstklebendes Adressetikett, Schere, Teppichmesser, Sekundenkleber, Klebstoff und Geodreieck.

2. Schneiden Sie mit dem Teppichmesser ein Stück des Mauerkartons (ca. 30,5 x 44 cm) aus. Falzen Sie ihn in der Mitte und kleben Sie die Klemmleiste vorsichtig mit etwas Sekundenkleber am Falz entlang fest.
Klappen Sie die Mappe zu und schneiden Sie den überstehenden Rand ab.

3. Entwickeln Sie ein Deckblatt für Ihre Bewerbung. Auf diesem sollten Ihr Foto und Ihre komplette Anschrift erscheinen. Außerdem schreiben Sie auf die obere Hälfte des Blattes in dicken schwarzen Buchstaben „Bewerbung".

4. Schneiden Sie einige Steine aus dem Deckel der Mappe heraus, bis das Wort „Bewerbung" zu sehen ist.
Schieben Sie anschließend Ihre Bewerbungsunterlagen zusammen mit dem Deckblatt vorsichtig in die Klemmleiste.

5. Schneiden Sie einige weitere Steine für das Kuvert aus und bekleben Sie dieses, immer am Rand beginnend, damit. Achten Sie hierbei darauf, dass alle Ecken gut festgeklebt sind, damit nichts auf dem Postweg abfallen oder abknicken kann.

6. Beschriften Sie das Adressetikett sowohl mit dem Empfänger als auch mit dem Ab-sender und kleben Sie es sorgfältig auf den Umschlag.
Stecken Sie nun noch die Bewerbungsunterlagen in das Kuvert, und ab gehts zur Post.

Jennifer Santiago

Rosenheimer Straße 51
D-89504 München

jennifer@santiago.de
Fon: 0 89/90 89 74 88
Fax: 0 89/90 89 74 89

Lebenslauf

Persönliche Daten:

Geburtstag:	13. September 1986
Geburtsort:	Augsburg
Eltern:	Florabella Santiago, Großhandelskauffrau
	Roger Santiago, Bankkaufmann

Schule und Ausbildungsweg:

09/92–06/96	Grundschule Hemmsbach
09/96–06/02	Max-Planck-Schule, Augsburg
	Abschluss: Mittlere Reife (1,2)
09/02–12/03	Blumo Gartencenter
	Ausbildung zur Einzelhandelskauffrau (abgebrochen)

Arbeitseinstellung:

Der Kontakt zu den verschiedensten Menschen und das Arbeiten in einem bunt durchmischten Team waren die Punkte, die mich bei der Arbeit während meiner Ausbildung zur Einzelhandelskauffrau täglich aufs Neue fasziniert haben. Neben guten Noten durch meine ständige Lernbereitschaft konnte mich mein Ehrgeiz zu größter Leistung bringen.
Bei der Arbeit konnte ich beweisen, dass ich selbst unter großem Leistungsdruck emotional stabil bleibe und meine Ziele nicht aus den Augen verliere.
Privat hat mich der unerwartete Tod meiner Mutter Florabella Santiago allerdings überfordert und zum Aufgeben meiner Lehrstelle gezwungen.
Doch Zeit heilt viele Wunden und ich möchte gerne wieder in dem Bereich aktiv werden, der mir so viel bedeutet hat. Denn persönliche Entwicklung und fachliche Fortbildung sind für mich sehr wichtige Aspekte im Leben.

München, 6. September 2004

Jennifer Santiago

Fehler sind absolut menschlich und dürfen demnach auch nicht im Lebenslauf verschwiegen werden.

Zu allgemeinen Fehlern zählen Dinge wie der Verlust des Arbeitsplatzes, Durchfallen bei einer Abschlussprüfung oder eben, wie in diesem Fall, das Abbrechen einer Berufsausbildung. Demnach haben Sie auch dann einen Fehler begangen, obwohl das von Ihnen vielleicht gar nicht beeinflusst werden konnte.

Stellen Sie die Lücke oder den Mangel nicht nur zeitlich dar. Fügen Sie z. B. am Ende Ihres Lebenslaufes eine Spalte mit Ihrer Einstellung zur Arbeit ein. Dort können Sie näher auf den „Knick" im Lebenslauf eingehen und erklären, wie es dazu kam.

Seien Sie ehrlich! Wenn Sie während Ihrer Ausbildungszeit faul waren und wegen Unzuverlässigkeit rausgeflogen sind, so stehen Sie dazu und stellen Sie dar, wie Sie sich in Zukunft verhalten wollen. Eine intelligent erklärte Lücke ist besser als die Fantasie des Empfängers, denn er kann anhand von einem Datum nicht erkennen, was z. B. hinter dem Wort „arbeitslos" steht.

Wenn Sie eine klar lesbare Unterschrift haben, so genügt es, wenn Sie unter dem Ort und Datum unterschreiben und nicht nochmals Ihren kompletten Namen in Computerschrift aufführen.

Clevere Bewerbungs-Tipps und Tricks:

- Lücken im Lebenslauf zu verschweigen ist schlechter als jede gute Erklärung für ein „Versagen" Ihrerseits. Wandeln Sie niemals Tatsachen in Wunschvorstellungen um, denn damit können Sie sich sogar strafbar machen.
- Halbtransparentes oder Öffnungen in der Bewerbungsmappe machen sehr neugierig. So auch die durchbrochene Mauer: Sie verleitet zum Weiterblättern und Herausfinden, was sich dahinter verbirgt.
- Die „Backsteinoptik" ist nicht verbindlich. Es gibt auch Pappen mit Aufdrucken von Dächern, Holzwänden oder Stahlträgern. Wählen Sie, was am besten zu Ihrem Beruf passt.

BeWerbung für Kindergarten, Waisenhaus, Kinderarzt, Kinderheim, Kinderhort, ...

Wer tagtäglich mit Kindern arbeitet, muss starke Nerven und eine ausgesprochen starke Sensibilität für Erziehung und den Umgang mit Kindern entwickeln.

Zeigen Sie mit Ihrer Bewerbung, dass Sie ein kindliches Gespür haben und auf diese Punkte eingehen können: Diese Bewerbung würde sogar den Kleinen gefallen. Und sie würden sicher lieber Sie aussuchen als eine „Tante" mit einer langweiligen grauen Mappe.

Durch ein Betriebspraktikum noch während der Schulzeit wird bei vielen schon der Grundstein für die spätere Ausbildung gelegt. So auch bei diesem Beispiel:

Stellen Sie sich vor, Sie machen in jungen Jahren ein Praktikum in einem Kindergarten, was in Ihnen den sehnlichen Wunsch weckt, Erzieherin zu werden.

Sie durchlaufen Ihre Ausbildungszeit mit Bravur und entdecken nun bei der erneuten Stellensuche eine Anzeige des Kindergartens, in dem Sie Ihr Praktikum vor vielen Jahren absolviert haben.

Ist das Praktikum damals gut verlaufen, so sollten Sie das auf alle Fälle wohlwollend erwähnen, ja sogar in den Vordergrund stellen. Zeigen Sie im Anschreiben, dass dieses Praktikum mit ein Auslöser für Ihren beruflichen Werdegang war.

Berichten Sie, wie Sie sich in den letzten Jahren weiterentwickelt haben und was Sie dazu führt, sich nun wieder bei Ihrer „Ausgangslage" zu bewerben. Beziehen Sie sich sowohl auf Ihre fachliche als auch auf Ihre persönliche Kompetenz. Diese sind bei der Arbeit mit Menschen gleichermaßen wichtig.

Wenn Sie das beachten, können Sie sicher die fehlenden Jahre Berufserfahrung ausgleichen.

Nicht nur in Kindergärten, sondern auch an vielen anderen Orten ist täglich die Arbeit mit Kindern gefordert. Zeigen Sie sich mit Ihrem Schreib- und Gestaltungsstil äußerst sensibel und kinderlieb, da in diesen Bereichen sehr stark zwischen den Zeilen gelesen wird.

Andrea Pohl
Tal 26
D-80221 München
Fon: 0 89/45 65 43
Fax: 0 89/45 65 44

Kindergarten
Sandra Hartmann
Leopoldstraße 123

D-80802 München

2. Juni 2005

Bewerbung als Erzieherin
Ihre Anzeige in der „Morgenpost" vom 1. Juni 2005

Sehr geehrte Frau Hartmann,

vor einigen Jahren, noch während meiner Realschulzeit, habe ich ein zweiwöchiges Praktikum in Ihrem wunderschönen Kindergarten absolviert. Umso mehr habe ich mich gefreut, als ich Ihre Stellenanzeige in der „Morgenpost" entdeckte und bewerbe mich hiermit zum 1. Juli für die offene Stelle.

Meine Liebe zu und die Freude am Umgang mit Kindern sowie die ersten Erfahrungen in Ihrem Haus waren der Auslöser für meine Ausbildung zur Erzieherin. Diese habe ich vor einem Jahr abgeschlossen und absolviere zurzeit in Heidelberg mein einjähriges Berufspraktikum. Die Fachschule in München betreut mich dabei weiterhin durch Begleitunterricht und schon ab dem nächsten Monat könnte ich in Ihrem Kindergarten tätig werden.

Nicht nur der Spaß mit Kindern beim Basteln, Kochen und Musizieren ist es, der mich an der Tätigkeit als Erzieherin fasziniert, sondern auch der sozialpädagogische und psychologische Anteil an der Arbeit. Aus diesem Grund habe ich nebenbei an verschiedenen Seminaren über Erziehungsfragen, Sprachförderung, Theater im Elementarbereich und Verkehrspädagogik teilgenommen.

Mein Ziel ist es, Jungen und Mädchen gleichermaßen zu erziehen, dabei die Eltern zu integrieren und somit pädagogisch wertvolle Arbeit zu leisten, die die Kinder durch ihr gesamtes Leben begleitet.

Ich hoffe, dass ich trotz meines jungen Alters, das ich durch außerordentliches Engagement und große Lernbereitschaft auszugleichen versuchen werde, eine Chance bei Ihnen habe.

Mit dem Wunsch auf ein Vorstellungsgespräch verbleibe ich

mit freundlichen Grüßen

Andrea Pohl
Andrea Pohl

Anlagen

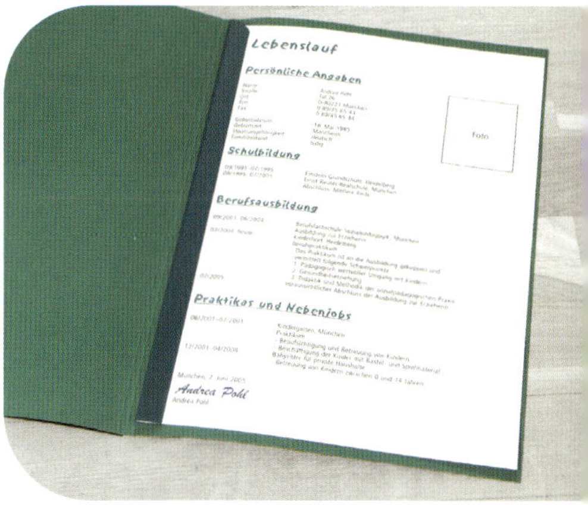

Mit Spiel und Spaß:

Wer mit Kindern zu tun hat, sollte vermitteln, dass er ein Gespür für sie und ihre Ansichten hat. Zeigen Sie dies durch eine farbenfrohe und kinderfreundliche Bewerbung, die formale Regeln dennoch einhält.

1. Zur Umsetzung benötigen Sie: ein Stück schwarzes Tonpapier A3, eine grüne A4-Mappe und das dazugehörige Kuvert, eine grüne Klemmleiste, Papier mit spielenden Kindern, Sekundenkleber, Bleistift, Schere, Teppichmesser, Klebstoff, Geodreieck und sowohl einen feinen als auch einen fetten weißen Lackstift.

2. Kleben Sie eine Leiste von spielenden Kindern auf die Vorderseite der grünen Mappe. Legen Sie anschließend das schwarze Tonpapier darüber und schneiden Sie es zunächst passgenau zum Abdecken der Vorderseite aus. Anschließend schneiden Sie eine Lücke an der Stelle heraus, an der die Kinder platziert sind. Zeichnen Sie dazu die Lücke, die entstehen soll, mit dem Bleistift an, legen Sie das Geodreieck an die Linie und schneiden Sie die Lücke mithilfe des Teppichmessers aus.

3. Kleben Sie das Tonpapier fest und malen Sie mit dem weißen, fetten Lackstift das Wort „Bewerbung“ – wie mit Kinderhand geschrieben – auf das Deckblatt. Damit das Ganze noch mehr einer Schulltafel ähnelt, können Sie noch einige typische Tafelkritzeleien dazumalen.

4. Klappen Sie die Mappe auf und kleben Sie vorsichtig die grüne Klemmleiste mit etwas Sekundenkleber hinein. Schieben Sie Ihre Bewerbungsunterlagen vorsichtig in die Leiste.

5. Um die Gestaltung der Bewerbungsmappe auch auf den Umschlag zu übertragen, schneiden Sie einen etwas längeren Streifen aus dem schwarzen Tonkarton aus und kleben an den linken Rand einen Bildausschnitt mit einem spielenden Kind.
Rechts davon schreiben Sie mit dem feinen weißen Lackstift Absender und Empfänger.

6. Kleben Sie das selbst entworfene Adressschild mit etwas Klebstoff gut fest.
Bei dieser verspielten Bewerbung würde es auch schön aussehen, wenn Sie eine Briefmarke mit einem bunten Kindermotiv wählen.

Lebenslauf

Persönliche Angaben

Name:	Andrea Pohl
Straße:	Tal 26
Ort:	D-80221 München
Fon:	0 89/45 65 43
Fax:	0 89/45 65 44
Geburtsdatum:	18. Mai 1985
Geburtsort:	Mannheim
Staatsangehörigkeit:	deutsch
Familienstand:	ledig

Foto

Schulbildung

09/1991–07/1995	Einstein-Grundschule, Heidelberg
09/1995–07/2001	Ernst-Reuter-Realschule, München Abschluss: Mittlere Reife

Berufsausbildung

09/2001–06/2004	Berufsfachschule für Sozialpädagogik, München Ausbildung zur Erzieherin
07/2004–heute	Kinderhort, Heidelberg Berufspraktikum - Das Praktikum ist an die Ausbildung gekoppelt und vermittelt folgende Schwerpunkte: 1. Pädagogisch wertvoller Umgang mit Kindern 2. Gesundheitserziehung 3. Didaktik und Methodik der sozialpädagogischen Praxis
07/2005	voraussichtlicher Abschluss der Ausbildung zur Erzieherin

Praktika und Nebenjobs

06/2001–07/2001	Kindergarten, München Praktikum - Beaufsichtigung und Betreuung von Kindern - Beschäftigung der Kinder mit Bastel- und Spielmaterial
12/2001–04/2004	Babysitter für private Haushalte - Betreuung von Kindern zwischen 0 und 14 Jahren

München, 2. Juni 2005

Andrea Pohl

Andrea Pohl

Zur chronologischen Gestaltung Ihres Lebenslaufes können Sie die gleichen Farben wie die der Mappe verwenden.

Wenn Sie schon den außergewöhnlichen Vorteil eines vorangegangenen Praktikums im gleichen Kindergarten haben, so sollten Sie es unbedingt im Lebenslauf nochmals erwähnen (selbst wenn es noch so kurz war).

Beschreiben Sie Ihre Tätigkeiten während Ihrer Praktika oder auch Nebenjobs etwas genauer. So kann sich der Stellenanbieter gleich davon überzeugen, dass Sie kein reiner Berufsanfänger sind, der mit sehr viel Mühe eingearbeitet werden muss.

Greifen Sie ein wenig in die Zukunft: Geben Sie auch im Lebenslauf an, wann Ihre Ausbildung genau beendet sein wird, damit der Sachbearbeiter nochmals genau sehen kann, ab wann Sie einsatzbereit sind.

Sie haben eine sehr kinderfreundliche Bewerbung entworfen. Dennoch sollten Sie ein seriöses Foto von sich in die Mappe legen, das kein bisschen kindlich oder albern aussieht. Das wäre zu viel des Guten. Schließlich wollen Sie den Empfänger auch von Ihrer Eignung als angesehene Autoritätsperson überzeugen.

Clevere Bewerbungs-Tipps und Tricks:

- Praktika und Nebenjobs während der Schul- und Ausbildungszeit sind immer wichtig. Sie zeigen nicht nur erste berufliche Praxis, sondern auch Engagement und Interesse.
- Wer gerne mit Kindern arbeitet und ein fröhliches Wesen hat, sollte das auch zeigen. Schicken Sie keine graue Alltagsmappe los. Dies passt nicht zu dem, was Sie dem Stellenanbieter zeigen wollen.
- Kinderliebe hat allerdings nichts mit Kinderschriften zu tun. Wählen Sie für Ihr Anschreiben und Ihren Lebenslauf auf alle Fälle stets eine gut lesbare und nicht zu verspielte Schrift.

BeWerbung für Werkstatt, Kfz-Hersteller, Land- und Baumaschinenhandel, ...

Gerade Handwerker lassen sich oftmals zu besonders einfallslosen und mit Fehlern behafteten Bewerbungen hinreißen. Dabei könnten sie doch schon bei der Bewerbungsmappe ihr handwerkliches Geschick zur Schau stellen.

Machen Sie sich dieses Wissen zu Nutze und lassen Sie Ihren Ideen freien Lauf. Es darf geschraubt, gehämmert und gebohrt werden! Sie sollten nur darauf achten, dass Sie vor lauter Eifer am Ende keine monsterhafte Bewerbung entworfen haben: handlich und praktisch zählen auch hier!

Wenn Sie neben Ihrer Ausbildung weitere Dinge mitbringen, die zeigen, dass Sie nicht nur Sprüche machen, so erwähnen Sie sie.

Z. B. eine Homepage. Hier darf es sich allerdings nicht um eine private Spielerei handeln, bei der auch Omas 90. Geburtstag und die erste große Liebe gezeigt werden. Ggf. können Sie einen bestimmten Link angeben, bei dem es ausschließlich um Berufsbezogenes geht.

Eventuell können Sie sogar eine eigene Bewerbungshomepage ins Internet stellen. Dann können Sie das Aussehen der Bewerbungsunterlagen Ihrem Auftritt im Netz anpassen und alles, was nicht unmittelbar in die Bewerbungsmappe gehört, dort zeigen, z. B. Modellbau, technische Zeichnungen, Fotos von Maschinen, usw.

Diese Form der Bewerbung eignet sich für Handwerker, aber auch Verkäufer und Entwickler sind stark mit Technik verbunden und sollten das in Ihrer Bewerbung dokumentieren.

Schon seit Ihrer frühen Kindheit faszinieren Sie Technik, große Motoren und alles, was dazugehört? Dann arbeiten Sie mit diesen Elementen auch bei Ihrer Bewerbung:

Metallischer Glanz, Schrauben und der technische Look zeigen sofort, dass sich bei Ihnen alles um das Arbeiten an und mit den „schweren Geräten" dreht. Für Sie stellt Ihre Arbeit nicht nur die Möglichkeit dar, Geld zu verdienen, sondern sich Tag für Tag selbst zu verwirklichen.

Karsten Grimm
Allee 7
D-87521 Bergenhausen
Fon: 0 89 48/39 84
Fax: 0 89 48/48 94

Feick Landmaschinen GmbH
Personalabteilung
Forstacker 35

D-87521 Bergenhausen

13. Juni 2004

Bewerbung als Mechaniker für Landmaschinentechnik
Ihre Stellenanzeige auf Ihrer Homepage www.feick.de

Sehr geehrte Damen und Herren,

beim Aktualisieren meiner Homepage über Forst- und Landmaschinen bin ich auf Ihr faszinierendes Unternehmen und Ihre Stellenangebote gestoßen. Da mich die Aufmachung Ihres Internetauftritts und das Aufgabengebiet Ihres Unternehmens derart fasziniert haben, möchte ich mich hiermit bei Ihnen bewerben.

Seit meiner Ausbildung zum Mechaniker für Landmaschinentechnik bin ich in der glücklichen Lage, tagtäglich meinen Traumberuf auszuüben: Warten, Prüfen, Installieren, Fahrzeuge instand setzen und Fehler diagnostizieren machen mir Spaß, wobei Störungen und deren Ursachen in mechanischen, hydraulischen, elektrischen und elektronischen Systemen spannende Herausforderungen für mich darstellen. Dabei kann ich mein technisches Verständnis und mein sorgfältiges Arbeiten mit einer Prise Geduld voll zum Einsatz kommen lassen.

Besonders Traktoren begeistern mich schon seit meiner Kindheit auf dem Bauernhof und es würde mich sehr freuen, wenn ich zukünftig Ihren großen Kundenstamm an Traktorenbesitzern beraten und bedienen dürfte.

Da ich zurzeit in einer ungekündigten Stellung arbeite, wäre ich erst ab dem 1. Dezember einsetzbar, wobei sich meine Gehaltsvorstellung auf ein Jahresbruttogehalt von 40.000 Euro beläuft.

Wenn Sie Interesse haben, so können Sie neben den Bewerbungsunterlagen über meine Homepage – www.landmaschinen.de – weitere Informationen über mich einholen.

Freundliche Grüße und einen guten Start in die neue Woche

Karsten Grimm
Karsten Grimm

Anlagen

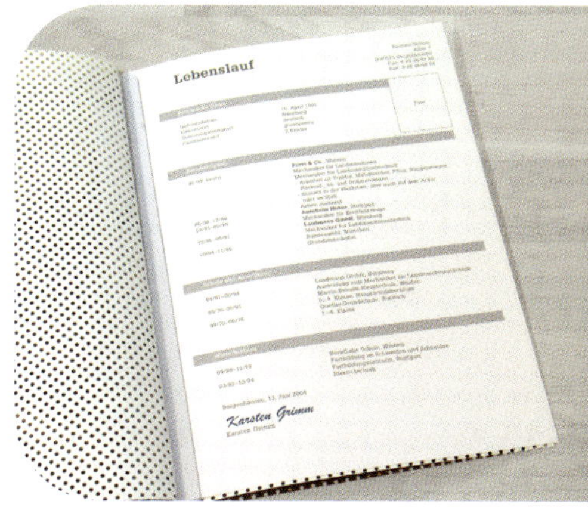

Hier wird geschraubt:

Die technische und edle Wirkung dieser Bewerbung hebt Sie dadurch von den anderen ab, dass Sie bereits mit Ihrer Mappe zeigen, welchen Spaß Sie am Umgang mit Ihren täglichen Arbeitsmaterialien haben.

1. Zur Umsetzung benötigen Sie: zwei silberne Kartons A2: einen mit und einen ohne Löcher, selbstklebende Adressetiketten, ein Geodreieck, Bleistift, Klebstoff, Teppichmesser, Sekundenkleber, Schere, eine transparente Klemm-leiste und vier Flügelmuttern mit den passenden Schrauben.

2. Um die Mappe zu basteln, schneiden Sie zwei gleich große Stücke (ca. 31 x 23 cm) aus dem gelochten Karton. Legen Sie die gleich großen Stücke genau übereinander und ritzen Sie mit dem Teppichmesser vier kleine Löcher an die linke Außenkante. Achten Sie dabei darauf, dass sie jeweils den gleichen Abstand voneinander haben.
Schieben Sie die Schrauben von unten durch die Löcher und drehen Sie sie mit den Muttern zu.

3. Klappen Sie die Mappe vorsichtig auf und kleben Sie mit etwas Sekundenkleber die Klemmleiste gut fest. Wenn der Kleber getrocknet ist, schließen Sie die Mappe wieder und schneiden das überstehende Stück von der Unterseite des Kartons mit dem Teppichmesser ab.
Schieben Sie Ihre Bewerbungsunterlagen vorsichtig in die Leiste.

4. Legen Sie die fertige Mappe auf die Rückseite des silbernen Kartons und zeichnen Sie einen Umschlag an. Dieser sollte an allen Ecken ca. 1 cm Platz haben, wobei Sie an drei Kanten eine ca. 4 cm breite Klebelasche lassen. Schneiden Sie den Umschlag mit dem Teppichmesser aus.

5. Klappen Sie den Umschlag zusammen und kleben Sie die Laschen an der Rückseite fest. Den Umschlag nun trocknen lassen und darauf achten, dass alles gut verklebt ist, damit nichts herausfallen kann.

6. Beschriften Sie das Etikett und kleben Sie es auf den Umschlag.
Wenn Sie die Bewerbungsunterlagen in den Umschlag geschoben haben, kleben Sie auch noch die letzte Klebelasche gut zu.

Lebenslauf

Karsten Grimm
Allee 7
D-87521 Bergenhausen
Fon: 0 89 48/39 84
Fax: 0 89 48/48 94

Persönliche Daten

Foto

Geburtsdatum:	16. April 1965
Geburtsort:	Nürnberg
Staatsangehörigkeit:	deutsch
Familienstand:	geschieden 2 Kinder

Berufstätigkeit

01/99–heute	**Forst & Co.**, Winnen Mechaniker für Landmaschinen Mechaniker für Landmaschinentechnik - Arbeiten an Traktor, Mähdrescher, Pflug, Düngerstreuer, Häcksel-, Sä- und Drillmaschinen. - Einsatz in der Werkstatt, aber auch auf dem Acker oder im Stall.
05/98–12/98	Arbeit suchend
10/91–05/98	**Autohaus Huber**, Stuttgart Mechaniker für Kraftfahrzeuge
12/85–09/91	**Landmann GmbH**, Nürnberg Mechaniker für Landmaschinentechnik
10/84–11/85	Bundeswehr, München Grundwehrdienst

Schule und Ausbildung

09/81–06/84	Landmann GmbH, Nürnberg Ausbildung zum Mechaniker für Landmaschinentechnik
09/76–06/81	Martin-Behaim-Hauptschule, Weiden 5.–9. Klasse, Hauptschulabschluss
09/72–06/76	Goethe-Grundschule, Rimbach 1.–4. Klasse

Weiterbildung

09/98–12/99	Berufliche Schule, Winnen Fortbildung im Schweißen und Schneiden
03/92–10/94	Fortbildungszentrum, Stuttgart Elektrotechnik

Bergenhausen, 13. Juni 2004

Karsten Grimm
Karsten Grimm

Das Layout des Lebenslaufes muss nicht immer dem des Anschreibens genau gleichen, um eine optische Einheit zu schaffen. Arbeiten Sie mit den gleichen Elementen (wie z. B. Balken und Schriftart), und schon kann eine spannende Alternative entstehen.

Achten Sie aber stets darauf, dass die Übersicht und sytematische Anordnung immer allererste Priorität haben.

Versehen Sie den antichronologischen Lebenslauf mit verschiedenen Hervorhebungen in fetter Schrift. So ist es z. B. sehr wichtig, wo Sie zurzeit beschäftig sind. Beschreiben Sie Ihr Tätigkeitsfeld genauer, da allein die Berufsbezeichnung nicht genau sagt, was Sie hauptsächlich tun. Und vielleicht führen Sie auch Dinge oder Aufträge aus, die nicht zu der klassischen Berufsbezeichnung gehören und demnach einen Mehrwert darstellen.

Wenn Sie spezifische Weiterbildungen gemacht haben, nennen Sie sie.
Vergessen Sie außerdem nicht, die Kopien der Zeugnisse und Zertifikate von solchen Lehrgängen beizulegen. Deshalb ist es auch schon beim Absolvieren solcher Fortbildungen wichtig, dass Sie gleich auf einem Zertifikat bestehen, denn hier ist es ähnlich wie in der Buchhaltung: Keine Buchung ohne Beleg!

Clevere BeWerbungs-Tipps und Tricks:

- Weiterbildungen sollten in der Anlage stets durch eine Kopie des Zertifikats oder Zeugnisses belegt werden. Oftmals wird dies im Eifer des Gefechts vergessen oder so manche Institution drückt sich, angeblich wegen des Verwaltungsaufwandes, ganz gerne mal davor. Jedoch: Bestehen Sie auf einem qualifizierten Zeugnis, denn nur so bringt Sie die Fortbildung bei einer Bewerbung wirklich weiter.

- Berufstätigkeiten, die nicht unbedingt in Verbindung mit Ihrem Ausbildungsberuf stehen, können dennoch sehr wichtig in Ihrem Lebenslauf sein. Sie zeigen evtl., dass Sie Zusatzqualifikationen erworben haben, die Ihnen auch auf diesem Gebiet nutzen können. Fast niemand führt vom ersten Tag seines Berufslebens an den gleichen Job aus! Dies ist also kein Mangel, sondern eher ein Vorzug.

BeWerbung für Restaurant, Bäckerei, Kantine, Konditorei, Fleischerei, ...

Wenn es ans Essen geht, so steht immer ein Grundsatz im Vordergrund: Speisen möglichst appetitlich und geschmackvoll zuzubereiten.

So können Sie z. B. als Koch Gerichte kunstvoll auf einem Teller anrichten und Rezepte und Kreationen entwickeln. Doch wie bringen Sie das in einer Bewerbung rüber, in der nicht überwiegend das Auge, sondern auch zum größten Teil der Verstand mitisst?

Ganz einfach: Sie entwickeln ein Rezept für den perfekten Mitarbeiter. Schließlich träumt jeder Arbeitgeber manchmal davon, einen Arbeitnehmer um sich zu haben, der immer so funktioniert, wie er es sich gerade wünscht.

Erfüllen Sie also dem Personalverantwortlichen diesen Wunsch und schreiben Sie ihm auf sympathische Art und Weise ein Rezept.

In diesem Beispiel hat jemand im Telefonverzeichnis recherchiert und ist auf verschiedene Restaurants gestoßen. Für volkstümliche Restaurants mit bodenständiger Küche ist die gezeigte Umsetzung am besten. Wenn Sie sich bei einem modernen Restaurant mit ausgefallenen Speisen bewerben, so sollte auch die Mappe entsprechend gestaltet sein.

Diese Bewerbung ist übrigens nicht nur für Küchenkräfte, sondern auch für Leute, die im Servicebereich arbeiten, bestens geeignet.

Wenn Sie Weiterbildungsmöglichkeiten wahrgenommen haben (wie z. B. eine abgeschlossene Meisterprüfung), so erwähnen Sie diese unbedingt schon im Anschreiben.

Bieten Sie dem Stellenausschreiber an, Sie anhand eines eigens entworfenen Rezeptes zu einem nahezu perfekten Mitarbeiter werden zu lassen. Das zeigt große Lernbereitschaft und außergewöhnlich starkes Interesse am Vorankommen.

Machen Sie bei der Bewerbung schon deutlich, dass Sie sauber und ordentlich arbeiten. Dies ist in einer Branche, in der es um die Verarbeitung von Lebensmitteln geht, besonders wichtig.

Christian Göckel
Brunnenweg 5
D-98972 Rüdstadt
Fon: 0 97 37/63 84 83
Fax: 0 97 37/63 84 83

Zum wilden Hirsch
Franz Schmatz
Bernauer Straße 89

D-98972 Rüdstadt

10. März 2005

Initiativbewerbung als Koch

Sehr geehrter Herr Schmatz,

manchmal sind die Herausforderungen und der Stress in der Gastronomie besonders hoch. Beschleicht Sie in solchen Momenten manchmal nicht auch das heimliche Gefühl, sich einen Mitarbeiter am liebsten selbst backen zu wollen?

Z. B. einen Koch, dem die Arbeit ganz leicht von der Hand geht, der Speisepläne und Menüvorschläge mit äußerster Disziplin erarbeitet, dem Planen und Organisieren aufwändiger Einkäufe und die Zubereitung der jeweiligen Speisen wenig Mühe, aber dafür viel Freude macht?

Dann kann ich Ihnen anhand eines eigens kreierten Rezeptes und meiner persönlichen Fähigkeiten helfen: Machen Sie mich zu einem wertvollen Mitarbeiter für Ihr Haus! Zeigen Sie mir, worauf Sie Wert legen, und ich werde mit vollem Einsatz alles tun, damit wir in Ihrem stilvollen Restaurant gemeinsam beste Ergebnisse erzielen.

Ich bringe bereits einige Jahre Berufserfahrung aus verschiedenen internationalen Hotels, Kantinen, Restaurants und Gaststätten mit. Außerdem habe ich die Meisterprüfung mit „sehr gut" bestanden und bin demnach ausbildungsermächtigt.

Meine Stärken liegen im unermüdlichen Einsatz, Flexibilität, Kreativität im Garnieren und Verzieren und einem weit ausgebildeten Geruchs- und Geschmackssinn. Sauberkeit und Hygiene sind ständige Begleiter meiner Arbeit.

Habe ich Sie auf den Geschmack gebracht? Ich freue mich sehr, wenn Sie mich zu einem persönlichen Gespräch einladen.

Viele Grüße

Christian Göckel

Christian Göckel

Anlagen

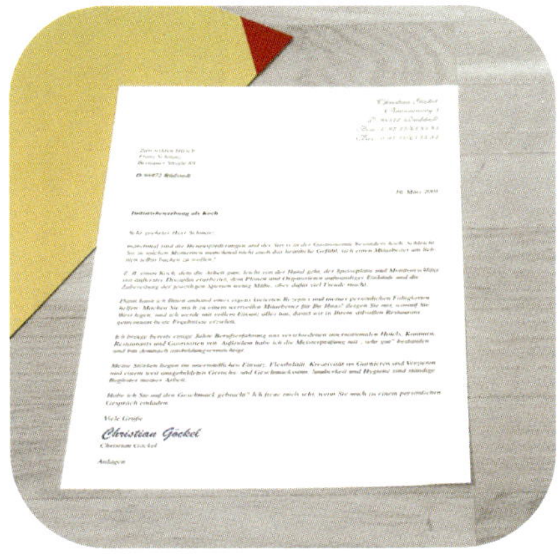

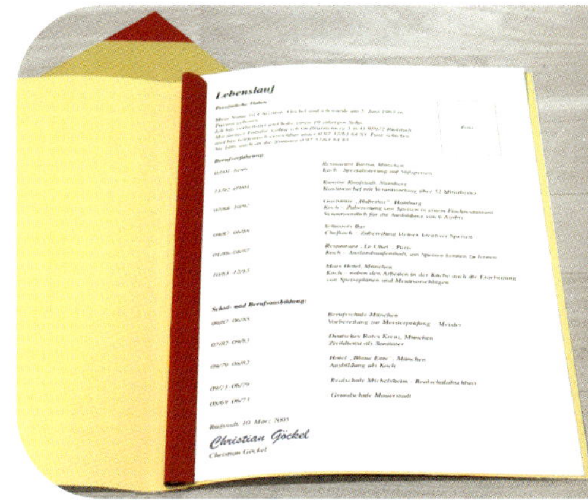

Rezept zum Erfolg:

Lassen Sie das „Rezept für den perfekten Mitarbeiter" zur Erfolgsgarantie werden: Je treffender die Rezeptur auf die Wunschvorstellungen des Stellenanbieters angepasst ist, umso besser wird sie ankommen.

1. Zur Umsetzung benötigen Sie: einen gelblichen A2-Karton, ein kleines Urkundenpapier, rotes Gewebeband, eine transparente Klemmleiste und einen gelblichen Umschlag im B4-Format, außerdem ein Geodreieck, einen Füller, Bleistift, Sekundenkleber, Teppichmesser, Schere und Klebstoff.

2. Schneiden Sie mit dem Teppichmesser aus dem gelblichen Karton ein Stück von ca. 31 x 44 cm und knicken Sie es in der Mitte vorsichtig, damit eine Mappe entsteht.
Bekleben Sie den Bund und die Ecken mit dem Gewebeband.

3. Nehmen Sie den Füller zur Hand und schreiben Sie ein Rezept für „den perfekten Mitarbeiter" auf das Urkundenpapier. Lassen Sie Ihrem Ideenreichtum dabei freien Lauf.
Sollte Ihre Handschrift nicht schön sein, so können Sie dies auch mit einer Schmuckschrift aus dem Computer machen.

4. Kleben Sie das Rezept auf die Vorderseite der Bewerbungsmappe und lassen Sie es gut trocknen.

5. Bekleben Sie die Klemmleiste mit dem Gewebeband.
Klappen Sie die Mappe auf und kleben Sie die Leiste mit etwas Sekundenkleber gut fest.
Anschließend schieben Sie vorsichtig Ihre Bewerbungsunterlagen in die Leiste.

6. Bekleben Sie die Ecken des Kuverts so wie die der Mappe mit Gewebeband.
Schneiden Sie aus dem übrig gebliebenen gelblichen Karton ein Adressschild und beschriften Sie dieses mit dem Computer oder mit der Hand.
Wenn die Tinte getrocknet ist, kleben Sie es auf dem Umschlag gut fest.

Lebenslauf

Persönliche Daten:

Mein Name ist Christian Göckel und ich wurde am 5. Juni 1963 in Passau geboren.
Ich bin verheiratet und habe einen 10-jährigen Sohn.
Mit meiner Familie wohne ich im Brunnenweg 5 in D-98972 Rüdstadt und bin telefonisch erreichbar unter 0 97 37/63 84 83.
Faxe schicken Sie bitte auch an die Nummer 0 97 37/63 84 83.

Foto

Berufserfahrung:

03/01–heute	Restaurant Tantra, München Koch - Spezialisierung auf Süßspeisen
11/92–09/01	Kantine Kaufstadt, Nürnberg Kantinenchef mit Verantwortung über 52 Mitarbeiter
07/88–10/92	Gaststätte „Hubertus", Hamburg Koch – Zubereitung von Speisen in einem Fischrestaurant. Verantwortlich für die Ausbildung von 6 Azubis
09/87–06/88	Schusters Bar Chefkoch – Zubereitung kleiner, kreativer Speisen
01/86–08/87	Restaurant „Le Chat", Paris Koch – Auslandsaufenthalt, um Speisen kennen zu lernen
10/83–12/85	Mars Hotel, München Koch – neben den Arbeiten in der Küche auch die Erarbeitung von Speiseplänen und Menüvorschlägen

Schul- und Berufsausbildung:

09/87–06/88	Berufsschule München Vorbereitung zur Meisterprüfung – Meister
07/82–09/83	Deutsches Rotes Kreuz, München Zivildienst als Sanitäter
09/79–06/82	Hotel „Blaue Ente", München Ausbildung als Koch
09/73–06/79	Realschule Michelsheim - Realschulabschluss
08/69–06/73	Grundschule Mauerstadt

Rüdstadt, 10. März 2005

Christian Göckel

Christian Göckel

Wenn Sie sich für eine etwas verspielte Bewerbung entschieden haben, die mit einem kreativen Rezept-Text arbeitet, so können Sie diesen Stil durch einige ausgeschriebene Sätze im Lebenslauf noch weiter untermalen.

Formulieren Sie dazu z. B. Ihre persönlichen Daten in einigen wenigen Sätzen aus. Dies wirkt oft nicht so bürokratisch, da ein echter Lesefluss entsteht.

Die restlichen Positionen sollten Sie allerdings tabellarisch darstellen, da dies einfach übersichtlicher ist.

Sollten Sie dennoch den Drang verspüren, Ihrer Laufbahn etwas Kreativität einhauchen zu wollen, so können Sie neben einem tabellarischen Lebenslauf noch eine weitere Seite entwickeln. Auf dieser Seite behandeln Sie nochmals wichtige Schwerpunkte. Dies können z. B. Eigenschaften und Kenntnisse oder Ihre beruflichen Ziele sein.

Sehr individuell lässt sich diese Seite gestalten, wenn Sie betonen, was Ihnen persönlich im Beruf wichtig ist.

Sie können dieses „Extrablatt" völlig frei von Regeln und Normen gestalten.
Eine passende Überschrift dafür wäre z. B.: „Das kann ich" oder „Weshalb Sie mich einstellen sollten".

Clevere BeWerbungs-Tipps und Tricks:

- Neben dem klassischen Lebenslauf können Sie auch noch ein weiteres Blatt hinzufügen, das Schwerpunkte behandelt, die Ihnen wichtig sind. Damit wird Ihre Bewerbung noch aussagekräftiger.
- Nennen Sie bestimmte Titel, Auszeichnungen und Abschlüsse, die Ihnen für die Bewerbung wichtig erscheinen, schon im Anschreiben. Dies kann oftmals dazu dienen, dass etwas durch Doppelnennung leichter gemerkt wird, aber auch zum Weiterlesen verleitet.
- Kreative Bewerbungen sind Sympathieträger. Der Sachbearbeiter kennt Sie zwar nicht, aber er hat das Gefühl, Sie aufgrund Ihrer besonderen Mappe unbedingt kennen lernen zu wollen.

BeWerbung für Fotostudio, Fotolabor, Fotofachhandel, Bildagentur, ...

Wer noch nicht so recht weiß, wo sein beruflicher Werdegang hinführen soll, tut sich wahrscheinlich keinen Gefallen damit, wenn er eine x-beliebige Ausbildung beginnt.

Dies ist mit ein Grund, warum es Praktika gibt. Nutzen Sie die Urlaubs- oder Ferienzeit, um sich zu orientieren.

Wenn Sie sich, wie z. B. in diesem Fall, außerordentlich stark für Fotografie interessieren, jedoch nicht so genau wissen, welche Berufe es neben dem klassischen Fotografen sonst noch gibt, so tun Sie sich mit einem Blick in die Praxis den größten Gefallen.

Erläutern Sie Ihrem Wunschunternehmen Ihren jetzigen Bildungsstand und Ihr Motiv für das freiwillige Praktikum. Dieses kann neben einem weit reichenden Einblick einen weiteren Vorteil haben: Es kann Ihnen gegebenenfalls in der Zukunft einen festen Ausbildungs- oder Arbeitsplatz bieten. In vielen kreativen Berufen sind oft einschlägige Praktika der einzige Weg in ein Unternehmen.

Bei der Gestaltung Ihrer Bewerbungsunterlagen sollten Sie sehr auf Stil, Ordnung und vor allen Dingen auf Ihre Fotos achten. Sie müssen in diesem Fall erstklassig sein und in einem Umfeld präsentiert werden, das sie zur vollen Geltung kommen lässt.

Um weitere Aufnahmen von Ihnen zu zeigen, können Sie die Fotos ins Internet stellen oder spätestens beim Vorstellungstermin in einer Mappe mitbringen, da hochwertige Abzüge oftmals sehr teuer und vor allen Dingen empfindlich sind.

Wer dem Fotografieren verfallen ist, der liebt meist die klassische Schwarz-Weiß-Fotografie und alle dazugehörigen Materialien wie schwarzen Fotokarton, halbdurchsichtiges Spinnenpapier sowie den Glanz und das Gefühl des Fotopapiers.

Um dieses Wissen schon vor der Präsentation Ihrer Mappe beim Vorstellungstermin zu verwerten, gehen Sie auf diese Elemente mit Ihrer Bewerbungsmappe ein und Sie werden als Praktikant, aber auch als Meister große Erfolge erzielen.

Sonja Süßkind
Berliner Straße 38
D-73093 Stuttgart
Fon: 07 11/63 84 63
www.sonja-suesskind.de

Atelier Kraft
Herrn Louis Kraft
Ludwigsburger Straße 84

D-79301 Stuttgart

4. April 2005

Initiativbewerbung um eine Praktikantenstelle als Fotoassistentin

Sehr geehrter Herr Kraft,

als Kundin habe ich die lockere und freundliche Art Ihrer Mitarbeiter und Ihr schönes Atelier bereits kennen gelernt. Die Arbeitsatmosphäre hat mir so gut gefallen, dass ich mich gerne für ein sechswöchiges Praktikum ab dem 1. August bei Ihnen bewerben möchte.

Bis dahin werde ich mein Abitur abgeschlossen und das 18. Lebensjahr erreicht haben. Da ich noch nicht genau weiß, wo genau mein beruflicher Werdegang hinführen soll, möchte ich gerne das Praktikum bei Ihnen dazu nutzen, mich zu orientieren und zu erfahren, was ich aus meiner Liebe zur Fotografie machen kann.

Schon jetzt beschäftige ich mich sehr viel mit Landschafts-, Architektur- und Tierfotografie. Dabei bemühe ich mich stets, den richtigen Film und das passende Objektiv zu wählen. In der Schule habe ich bereits einige meiner Werke ausstellen können und bin dabei auf sehr positives Feed-back gestoßen. Damit Sie sich selbst ein Bild meiner Arbeit machen können, werfen Sie bitte einen Blick auf meine oben genannte Homepage.

Ich hoffe sehr, dass Sie als erfahrener Meister der Fotografie mir einiges von Ihrem Wissen vermitteln und mit mir gemeinsam eine Orientierung und vielleicht sogar eine spätere Zusammenarbeit schaffen können.

Über ein persönliches Gespräch mit Ihnen freue ich mich sehr!

Viele Grüße und ein schönes Wochenende

Sonja Süßkind

Sonja Süßkind

Anlagen

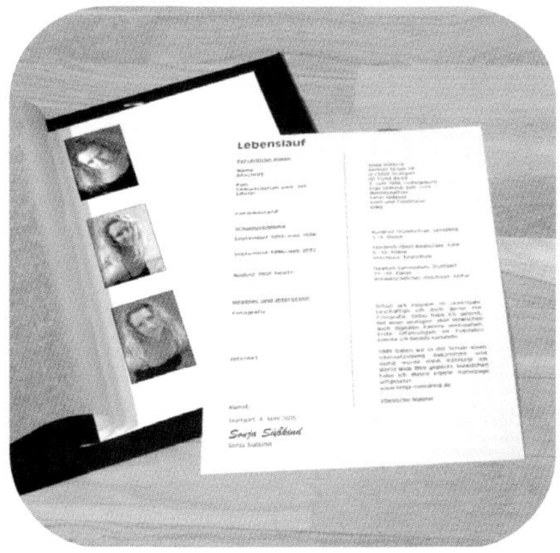

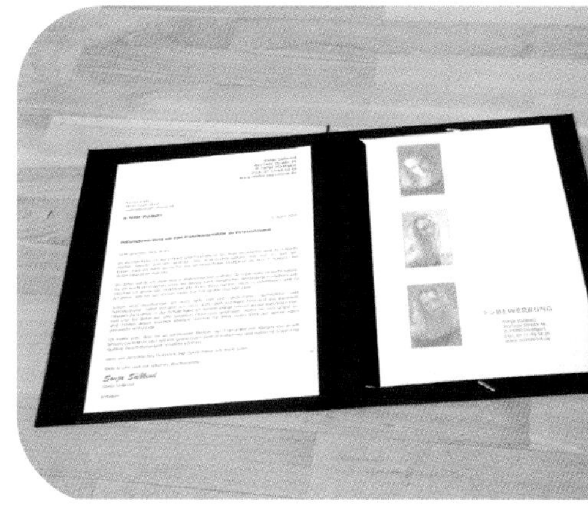

Sag mal Käääse:

Besonders die Schwarz-Weiß-Fotografie ist in der Branche sehr angesehen. Zeigen Sie mit Ihrer Bewerbung, dass Sie nicht nur fotografisches Talent, sondern auch Sinn für Gestaltung und Stil haben.

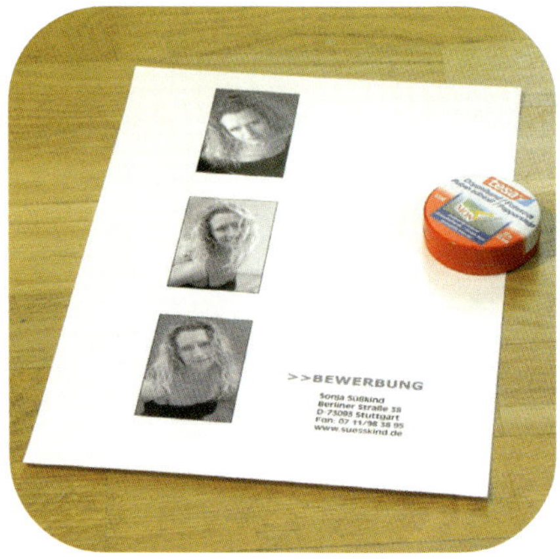

1. Zur Umsetzung benötigen Sie: eine schwarze Mappe, eine schwarze Klemmleiste für die Bewerbungsunterlagen, drei Fotos von Ihnen aus einer Serie, ein glänzendes Stück Fotopapier, Spinnenpapier im A2-Format, selbstklebende Adressetiketten, Geodreieck, doppelseitiges Klebeband, Teppichmesser, Bleistift und Sekundenkleber.

2. Entwerfen Sie zunächst ein Deckblatt für Ihre Bewerbung. Schreiben Sie dazu zum einen das Wort „Bewerbung" und Ihre komplette Anschrift. Kleben Sie die drei Fotos symmetrisch auf Ihr Bewerbungs-Deckblatt.
Bewerben Sie sich als Fotograf, so müssen diese Fotos natürlich perfekt aufeinander abgestimmt sein. Andernfalls können Sie z. B. Bilder aus Ihrer Kindheit bis heute zeigen. Sie sollten nur auf keinen Fall kitschig oder qualitativ minderwertig sein.

3. Messen Sie die Fotos auf dem Deckblatt ab und schneiden Sie passend dazu die Rechtecke aus der Vorderseite der Mappe heraus.
Am besten zeichnen Sie die Ausschnitte vorher kurz mit dem Bleistift an, legen das Geodreieck an die Linien und fahren dann fest mit dem Teppichmesser entlang.

4. Kleben Sie die Klemmleiste mit etwas Sekundenkleber in das Innere der Mappe. Schneiden Sie aus dem Spinnenpapier ein A4 großes Stück aus, legen Sie es auf das Deckblatt und schieben Sie dieses zusammen mit Ihren restlichen Bewerbungsunterlagen vorsichtig in die Klemmleiste. Achtung, das Spinnenpapier zerknittert leicht!

5. Nehmen Sie das restliche Spinnenpapier, um die Bewerbungsmappe wie ein Geschenk einzupacken. Die Enden verkleben Sie dabei alle gut mit doppelseitigem Klebeband, damit nichts mehr absteht.

6. Beschriften Sie das Adresseetikett und kleben Sie es auf die Vorderseite.
Der leicht transparente Look des Papiers lässt den Empfänger ganz sicher neugierig werden.

Lebenslauf

Persönliche Daten	
Name:	Sonja Süßkind
Anschrift:	Berliner Straße 38 D-73093 Stuttgart
Fon:	07 11/63 84 63
Geburtsdatum und -ort:	3. Juni 1986, Ludwigsburg
Eltern:	Anja Süßkind, geb. Lock Werbekauffrau Peter Süßkind Koch und Foodstylist
Familienstand:	ledig
Schulausbildung	
September 1992–Juni 1996:	Konrad-Grundschule, Leonberg 1.–4. Klasse
September 1996–Juni 2002:	Friedrich-Ebert-Realschule, Calw 5.–10. Klasse Abschluss: Realschule
August 2002–heute:	Newton-Gymnasium, Stuttgart 11.–13. Klasse Voraussichtlicher Abschluss: Abitur
Hobbys und Interessen	
Fotografie:	Schon seit meinem 10. Lebensjahr beschäftige ich mich gerne mit Fotografie. Dabei habe ich gelernt, mit einer analogen, aber inzwischen auch digitalen Kamera umzugehen. Erste Erfahrungen im Fotolabor konnte ich bereits sammeln.
Internet:	1999 haben wir in der Schule einen Internetzugang bekommen und damit wurde mein Interesse am World Wide Web geweckt. Inzwischen habe ich meine eigene Homepage umgesetzt: www.sonja-suesskind.de
Kunst:	Klassische Malerei

Stuttgart, 4. April 2005

Sonja Süßkind

Sonja Süßkind

Sie sind jung, haben neben ein paar Zeugnissen und einigen Hobbys nicht viel zu bieten?

Dann schaffen Sie ein Grundgerüst für Ihren Lebenslauf, der andere Dinge als Ausbildung und Berufserfahrung in den Mittelpunkt rückt.

So ist z. B. der Beruf Ihrer Eltern nicht uninteressant. Besonders gut ist es, wenn er sogar Bezug zu Ihren eigenen Berufswünschen hat. Bewerben Sie sich z. B. für einen künstlerischen Beruf und Ihre Eltern sind Künstler, so zeigt es, dass Sie in einem Umfeld aufgewachsen sind, das Interesse an und Wissen über Kunst und Kultur hat. Der Stellenanbieter erhofft sich, dass Sie von dem Talent Ihrer Eltern geerbt haben und Sie von ihnen weitgehend gefördert wurden.

Wenn Ihr letztes Zeugnis nicht so gut war, so legen Sie noch ein älteres bei, das zeigt, dass Sie auch anders können. Grundschulzeugnisse sind nicht von Bedeutung.

Beschreiben Sie Ihre Interessen, die sich auf die ausgeschriebene Stelle beziehen, ganz genau und versuchen Sie diese z. B. durch Arbeitsproben zu belegen.

Oder z. B. der erneute Hinweis auf Ihre Homepage wird sicher spätestens jetzt als Aufruf verstanden, einmal einen Blick darauf zu werfen.

Clevere BeWerbungs-Tipps und Tricks:

- Keine Bange, wenn Sie noch gar keine Berufserfahrung haben, da Sie während Ihrer Schulzeit nicht dazu gekommen sind, Praktika und Ferienjobs anzunehmen. Schließlich gibt es Schüler, die ihre freie Zeit brauchen, um den oft stressigen Schulalltag zu bewältigen, oder die so vielfältige Interessen haben, dass diese keinen Freiraum zum Arbeiten lassen.
- Wenn Sie gerne Arbeitsproben schon vor dem Vorstellungsgespräch zeigen möchten, diese aber nicht mitschicken möchten oder können, so ist der Hinweis auf Ihre Homepage sehr hilfreich. Stellen Sie dort Ihre Arbeiten aus und zeigen Sie damit zusätzlich, dass Sie mit dem Internet gut umgehen können.

BeWerbung für Kosmetikstudio, Frisörsalon, Maskenbildner, Theater, ...

Manchmal meint es das Leben einfach nicht gut mit uns: Sie haben gerade Ihre Ausbildung zur Frisörin erfolgreich abgeschlossen, doch wurden Sie von Ihrem Ausbildungsbetrieb leider nicht übernommen. Wichtig ist, dass Sie jetzt nicht die Decke über den Kopf ziehen und davon ausgehen, dass sowieso keiner einen Berufsanfänger will.

Gehen Sie z. B. in einen Frisörsalon und lenken Sie das Gespräch, das dort eigentlich immer entsteht, in die Richtung Ausbildung und offene Stellen. Und wenn es zufällig so wie in dem gezeigten Beispiel ist, dass Ihre Gesprächspartnerin selbst eine Frisörin sucht, sollten Sie die Gelegenheit beim Schopf packen:

Erzählen Sie ihr, wie wichtig Entlastung ist. Sie wird Ihnen dann wahrscheinlich berichten, dass sie vor Ewigkeiten zum letzten Mal im Urlaub war, weil sie sich einfach auf niemanden richtig verlassen kann. Machen Sie ihr schon vor Ort klar, dass Sie die Entlastung in Person sind! Bitten Sie sie um ihre Visitenkarte und sagen Sie ihr eine Bewerbung in den nächsten Tagen zu.

Nehmen Sie im Anschreiben Bezug auf den vorangegangenen Besuch und formulieren Sie im Anschreiben kurz die Teile Ihres Lebenslaufes, die Sie im Salon noch nicht erwähnt haben, und etwas länger die Dinge, die beim persönlichen Gespräch zu kurz gekommen sind. Sie müssen nicht unbedingt nochmals über Ihre derzeitige Arbeitslosigkeit berichten.

Wenn Sie von sich überzeugt sind, aber die Stellenanbieterin nicht gleich vor ein „Ja“ oder „Nein“ stellen wollen, bieten Sie sich doch als Praktikantin an.

Es gibt Berufe, in denen man für die Schönheit der anderen zuständig ist. Ob im Frisörsalon oder Kosmetikstudio, das Aufkommen und die Wünsche der Kunden werden größer und die Verpflichtungen steigen damit für das gesamte Personal.

Gerade der Meister, der oft gleichzeitig auch Personalverantwortlicher ist, muss alles ausbaden, was durch sein Personal anfällt: Krankheit, Verspätungen, Urlaube usw. Zeigen Sie ihm, dass Sie ihn durch Ihre Mitarbeit entlasten möchten und auch er sich einmal wieder – wie seine Kunden tagtäglich – entspannen kann.

Jessica Schack

Friedrichstraße 21 D-18478 Berlin Fon: 0 30/49 30 28 49

Studio Scheinkraft
Frau Lara Bauer
Klosterstraße 84

D-19489 Berlin

18. Juli 2005

Bewerbung als Frisörin nach einem Besuch bei Ihnen im Studio

Sehr geehrte Frau Bauer,

ich möchte mich nochmals für den kreativen Haarschnitt und das gelungene Tages-Make-up von Ihnen bedanken. Es freut mich, dass wir letzte Woche in Ihrem Studio ins Gespräch gekommen sind und Sie mir mitteilten, dass Sie auf der Suche nach einer motivierten Frisörin sind.

Während meiner Ausbildung zur Visagistin und zur Frisörin habe ich gelernt, dass Kunden mehr erwarten als Haare schneiden, waschen, legen und fönen. Wer zum Frisör geht, möchte danach rundherum gut aussehen. Dies kann ich zum einen durch meine Doppelausbildung, aber auch durch meinen Sinn für modisches und vorteilhaftes Aussehen verwirklichen.

Bei mir erhalten Kunden nicht nur ein neues, attraktives Aussehen, sondern auch die dazugehörigen Tipps und Tricks.

Durch verschiedene Fortbildungen in den Bereichen Färbetechniken, Herstellung von Naturpräparaten und Kosmetik denke ich, dass ich eine echte Unterstützung für Sie sein kann und Sie sich endlich einmal wieder den lang ersehnten Urlaub gönnen können.

Grundsätzlich strebe ich eine Vollzeitbeschäftigung bei Ihnen an. Wenn Sie sich jedoch zunächst von meinen Qualitäten überzeugen möchten, so stehe ich Ihnen vorerst auch gerne für ein Praktikum zur Verfügung.

Mit freundlichen Grüßen

Jessica Schack
Jessica Schack

Anlagen

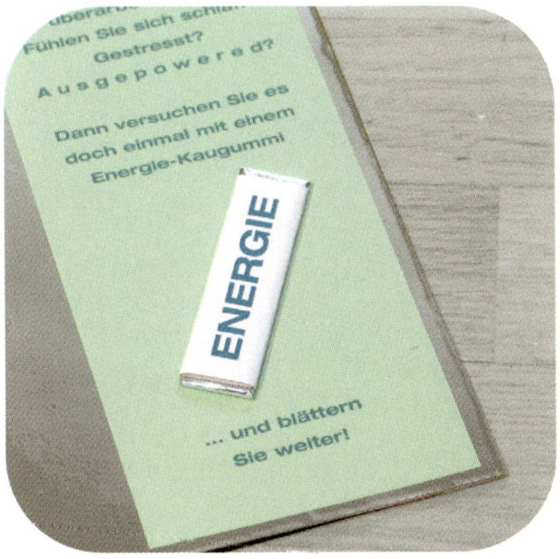

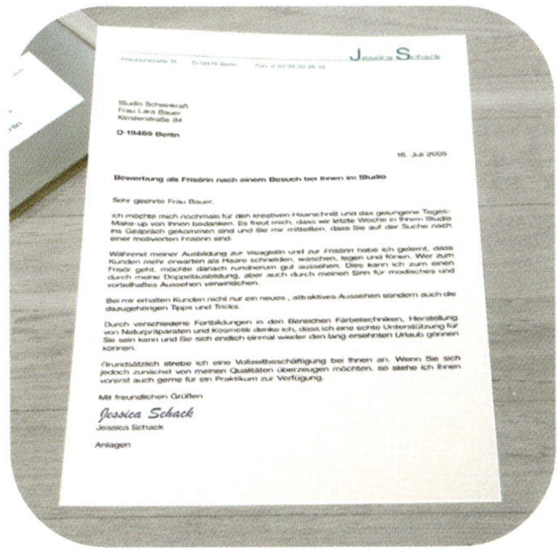

Spieglein, Spieglein ...

... an der Wand, wer hat die schönste Bewerbung im ganzen Land? Durch die direkte Ansprache wird sich der Empfänger dem Blick in den Spiegel und damit direkt in Ihre Bewerbung kaum entziehen können.

1. Zur Umsetzung benötigen Sie: ca. 1,50 x 1 m selbstklebende Spiegelfolie, ein Stück Tonpappe A2, ein transparentes Kuvert, eine transparente Klemmleiste, grünes und weißes Druckerpapier A4, selbstklebende Adressetiketten, Klebstoff, Teppichmesser, beidseitiges Klebeband, Schere, Bleistift, Geodreieck, Klebstoff und einen Kaugummi in Silberpapier.

2. Schneiden Sie aus der Tonpappe ein Stück im Format 31 x 44 cm. Bekleben Sie es von vorne und hinten mit Spiegelfolie und knicken Sie es in der Mitte. Anschließend bekleben Sie die Klemmleiste mit der Spiegelfolie und kleben sie mit etwas Sekundenkleber auf.

3. Am Computer oder mit einem Stift erstellen Sie eine Umverpackung für den Kaugummi: Versehen Sie ihn mit dem Wort Energie und lassen Sie ihn so zu einem Powergum werden. Kleben Sie die Umverpackung auf der Rückseite mit dem doppelseitigen Klebeband zu.

4. Entwerfen Sie eine Seitenleiste für die Vorderseite der Spiegelmappe. Versuchen Sie den Personalchef so freundlich wie möglich anzusprechen, jedoch ohne dass er sich dem Geschriebenen entziehen kann. Lassen Sie etwas Platz für den Kaugummi.

5. Kleben Sie die Leiste auf die rechte Kante der Vorderseite, sodass der Betrachter sich noch gut in der Spiegelfolie sehen kann. Kleben Sie den Kaugummi mit dem doppelseitigen Klebeband fest, damit er sich leicht abziehen lässt.

6. Bringen Sie das beschriftete Adressetikett auf dem durchsichtigen Kuvert an.
Stecken Sie alle Ihre Bewerbungsunterlagen hinein und Sie werden sehen: Selbst im Kuvert hat die Spiegelfolie noch ihren vollen Effekt und wird viele „Einblicke" bekommen.

Lebenslauf

Persönliche Daten:

Name:	Jessica Schack	Foto
Anschrift:	Friedrichstraße 21 D-18478 Berlin Fon: 0 30/49 30 28 49	
Geburtsdatum:	3. April 1984	
Geburtsort:	Jena	
Familienstand:	ledig	

Berufsausbildung und -erfahrung:

09.2002–06.2005:	Frisörsalon Schick Ausbildung zur Frisörin
09.2000–06.2002:	Akademie für Schönheit Ausbildung zur Visagistin und Maskenbildnerin

Schulausbildung:

09.1994–06.2000:	Schubert-Realschule, Berlin Abschluss: Mittlere Reife
09.1990–06.1994	Europa-Grundschule, Berlin

Nebentätigkeiten:

06.2003–heute:	Film- und Fernsehanstalt, Berlin Zuständig für Maske und Kostüm bei verschiedenen Fernsehproduktionen
12.2002–heute:	Staatstheater, Berlin Maskenbildnerin
06.2000–10.2000:	Bekleidungshaus Chipsy Fotomodell für Katalog Sommer 2001

Weiterbildung:

03.2005:	Fortbildungszentrum, Berlin Seminar über aktuelle und zukünftige Färbetechniken
01.2005:	Fortbildungszentrum, Berlin Erlernen der Herstellung von Naturpräparaten
01.2001:	Visagistenschule Seminar über die Kreation von kosmetisch perfektem Aussehen bei besonderen Anlässen

Berlin, 18. Juli 2005

Jessica Schack

Jessica Schack

Wenn Sie noch sehr jung sind, aber dennoch viele interessante Positionen in den Rubriken Ausbildung und Beruf durchlaufen haben, so sollten Sie Ihren Lebenslauf antichronologisch ordnen.

Sollten Sie erst seit einem Monat mit Ihrer Ausbildung fertig sein, müssen Sie nicht „Arbeit suchend" oder „arbeitslos" in Ihren Lebenslauf mit einfließen lassen. Überschreitet die Dauer Ihrer Bewerbungsphase einen Zeitraum von ca. drei Monaten, so sollten Sie dies in den Lebenslauf schreiben.

Viele Ausbildungs- und Studienabgänger haben Angst davor, nicht gleich einen Job zu bekommen. Und sind erst ein paar Wochen vergangen, haben Sie schon das Gefühl, schlechter als die anderen Abgänger zu sein und dann gar keine Chance mehr als absoluter Berufseinsteiger zu haben. Natürlich ist dem nicht so.

Viele Abgänger fühlen sich nach dem Studium so ausgepowered, dass sie sich sowieso erst einmal eine kleine Auszeit gönnen. Wenn Sie jedoch diese Lücke als unangenehm empfinden, machen Sie doch zur Überbrückung ein Praktikum. Auf keinen Fall sollten Sie hier lügen. Aussagen wie „Auslandsaufenthalt" sollten nur angegeben werden, wenn dieser wirklich stattgefunden hat.

Clevere BeWerbungs-Tipps und Tricks:

- Keine Panik, wenn Sie nach Ihrem abgeschlossenen Studium nicht sofort eine passende Arbeitsstelle finden. Lassen Sie sich Zeit mit der Auswahl, schließlich haben Sie etwas in der Hand! Alternativ können Sie sich z. B. ein paar Tage am Strand als Auszeit nehmen oder ein Praktikum absolvieren.

- Es liegt in der Natur des Menschen, dass wir nur schwer an einem Spiegel vorbeigehen können, ohne hineinzuschauen. Werfen wir einen Blick hinein, so ist er meist mit einem Gedanken verbunden. Der eine freut sich, dass er heute gut aussieht, und der andere denkt sich nur, dass seine Hose zu kurz ist. Nutzen Sie genau dieses Wissen für Ihre Bewerbung. Bringen Sie den Empfänger zu einem Blick in den Spiegel Ihrer Bewerbung und damit auch zum Weiterlesen.

BeWerbung für Groß- und Außenhandel, Webdesign, Vertrieb, Marketingabteilung, ...

Wenn in einer Stellenanzeige ausdrücklich nach einer E-Mail-Bewerbung gefragt ist, sollten Sie sich dieses Medium unbedingt zu Nutze machen. Keine Sorge, Sie müssen kein Internetspezialist sein, um eine gute E-Mail-Bewerbung zu versenden.

Die Kunst ist, die richtige Auswahl an Elementen zu treffen, die dem Anschreiben hinzugefügt werden sollen. Schon die Dateigröße (max. 500 KB) kann entscheiden, ob eine Bewerbung gelesen wird oder umgehend im Papierkorb landet.

Angenommen, Sie möchten sich beruflich umorientieren und finden dazu ein geeignetes Stellenangebot in einer Tageszeitung. Wenn Ihre Qualifikation nicht genau dem gewünschten Profil entspricht, können Sie zuvor bei dem Unternehmen anrufen und nachfragen, ob nicht auch für „Quereinsteiger“ eine Möglichkeit besteht, eingestellt zu werden.

Erwarten Sie hierbei nicht, dass das Unternehmen in Begeisterung ausbrechen wird. Wahrscheinlich wird man Ihnen sogar wenig Hoffnung machen, dennoch ist es mit Sicherheit von Vorteil, wenn der Personalverantwortliche schon einmal mit Ihnen gesprochen hat, bevor er Ihre nicht ganz passende Bewerbung erhält und Sie sofort als „uninteressant“ weglegt.

Stellen Sie im Anschreiben zum einen Ihre berufliche Qualifikation heraus, aber auch Ihre Bereitschaft und Ihr Engagement für Neues.

Im Gegensatz zu der „Print-Bewerbung“ sollten Sie hier nicht zu spielerisch mit der Schrift umgehen: Wählen Sie eine Standardschrift, die dem Empfänger keine Schwierigkeiten bereitet. Und wenn Sie ganz sicher gehen wollen, verwenden Sie anstatt der Umlaute ä, ö und ü die Buchstaben ae, oe und ue.

Sie können sich auf Anschreiben, Lebenslauf und evtl. Tätigkeitsprofil beschränken. Zeugnisse, Zertifikate usw. können postalisch nachgereicht werden.

Drucken Sie sich das Anschreiben auch aus, bevor Sie es losschicken, und überprüfen Sie das komplette Erscheinungsbild.

Softwarehaus AG

Von:	Christian Schubert [christian@schubert.de]
Gesendet:	Freitag, 27. August 2004 08:35
An:	silke.naumann@softwarehaus.com; josef.seidel@softwarehaus.com
Betreff:	Ihr Stellenangebot für einen Jurastudenten im Stuttgarter Kurier
Anlagen:	Lebenslauf.pdf; Tätigkeitsprofil.pdf

Sehr geehrte Frau Naumann,
sehr geehrter Herr Seidel,

Sie suchen junge Juristen, die in Ihrem Vertrieb neue Wege gehen möchten. Ich bewerbe mich bei Ihnen, obwohl Sie bei einem freundlichen Telefonat meinten, dass Sie Juristen mit bestandenem 1. Staatsexamen bevorzugen.

Warum bewerbe ich mich trotzdem? Nach sechs Semestern Jura und einem einschlägigen Praktikum in einer Anwaltskanzlei (Strafrecht) habe ich erkannt, dass ich das falsche Fach für mich gewählt habe. Entgegen meinen Erwartungen besteht die Arbeit in diesem Beruf weniger im intensiven Kontakt mit Menschen als im einsamen Verfassen von Schriftsätzen. Ich bin ein aufgeschlossener und kontaktfreudiger Mensch und möchte in meinem Beruf in jedem Fall sehr viel Umgang mit Menschen.

Seit meinem 10. Lebensjahr beschäftige ich mich täglich mit dem Computer, wobei ich mir weitreichende Kenntnisse über sämtliche Hard- und Software aneignen konnte. In Ihrem Stellenangebot sehe ich daher die Chance, meine Fachkenntnisse und meine Kontaktfreude zum beiderseitigen Nutzen zu verbinden.

Da ich ein überdurchschnittlich starkes Engagement mitbringe, bitte ich Sie, mich dennoch zu einem persönlichen Gespräch einzuladen. Auch ohne 1. Staatsexamen bin ich in der Lage, mit Anwälten kompetent über deren Datenverarbeitungsbedarf zu sprechen.

Ich bin überzeugt, dass Sie engagierten Menschen eine Chance geben.

Mit freundlichen Grüßen

Christian Schubert

++++++++++++++++++++++

Christian Schubert
Görrestraße 290
D-47839 Essen
Fon: 0 43 98/90 84 27
Fax: 0 43 98/90 84 28
E-Mail: christian@schubert.de

++++++++++++++++++++++

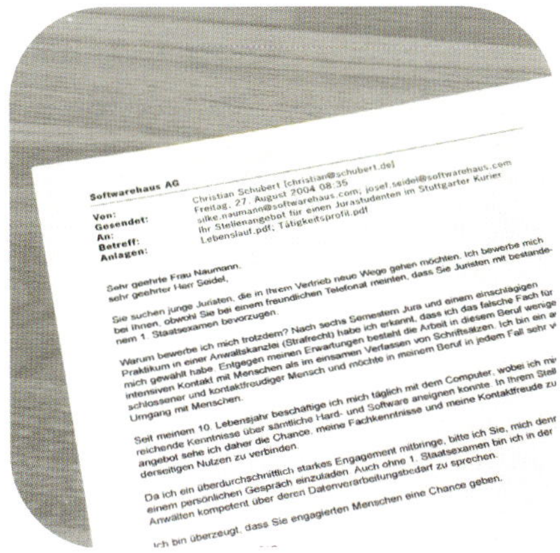

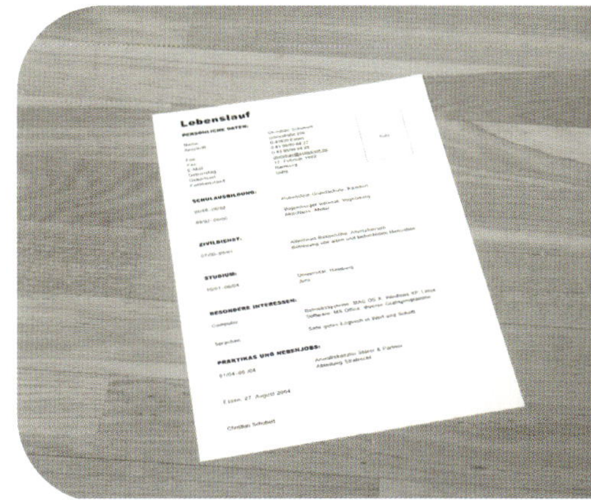

Sie haben Post:

Zeigen Sie, dass auch Sie auf dem neuesten Stand der Technik arbeiten können und dass das Schicken einer perfekten Bewerbung als E-Mail für Sie keinerlei Schwierigkeit darstellt.

christian@schubert.de

oder

christian.schubert@domain.de

oder

bewerbung@christian-schubert.de

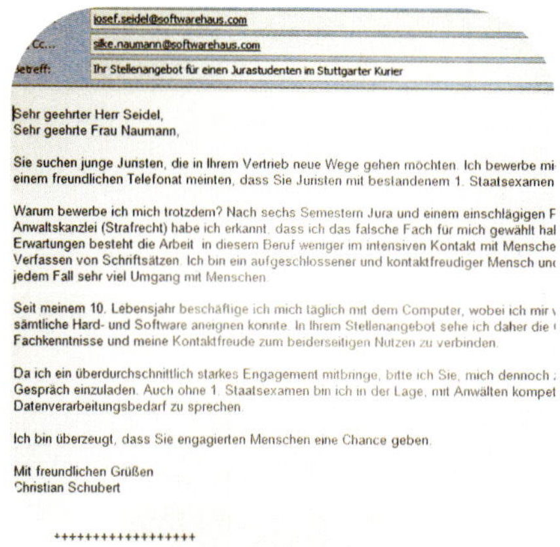

josef.seidel@softwarehaus.com
Cc... silke.naumann@softwarehaus.com
Betreff: Ihr Stellenangebot für einen Jurastudenten im Stuttgarter Kurier

Sehr geehrter Herr Seidel,
Sehr geehrte Frau Naumann,

Sie suchen junge Juristen, die in Ihrem Vertrieb neue Wege gehen möchten. Ich bewerbe mi
einem freundlichen Telefonat meinten, dass Sie Juristen mit bestandenem 1. Staatsexamen

Warum bewerbe ich mich trotzdem? Nach sechs Semestern Jura und einem einschlägigen F
Anwaltskanzlei (Strafrecht) habe ich erkannt, dass ich das falsche Fach für mich gewählt hal
Erwartungen besteht die Arbeit in diesem Beruf weniger im intensiven Kontakt mit Mensche
Verfassen von Schriftsätzen. Ich bin ein aufgeschlossener und kontaktfreudiger Mensch un
jedem Fall sehr viel Umgang mit Menschen.

Seit meinem 10. Lebensjahr beschäftige ich mich täglich mit dem Computer, wobei ich mir
sämtliche Hard- und Software aneignen konnte. In Ihrem Stellenangebot sehe ich daher die
Fachkenntnisse und meine Kontaktfreude zum beiderseitigen Nutzen zu verbinden.

Da ich ein überdurchschnittlich starkes Engagement mitbringe, bitte ich Sie, mich dennoch
Gespräch einzuladen. Auch ohne 1. Staatsexamen bin ich in der Lage, mit Anwälten kompet
Datenverarbeitungsbedarf zu sprechen.

Ich bin überzeugt, dass Sie engagierten Menschen eine Chance geben.

Mit freundlichen Grüßen
Christian Schubert

+++++++++++++++++

++++++++++++++++++++++++

Christian Schubert
Görrestraße 290
D-47839 Essen
Fon: 0 43 98/90 84 27
Fax: 0 43 98/90 84 28
E-Mail: christian@schubert.de

++++++++++++++++++++++++

1. Um eine Bewerbung per E-Mail zu versenden, benötigen Sie zunächst eine eigene Adresse. Diese ist aussagekräftiger, als Sie sich vielleicht denken. Bei einem Freemail-Anbieter sieht das dann folgendermaßen aus:
vorname.nachname@domain.de.
Wenn Sie eine eigene Domain anmelden, so kann Ihre Adresse auch so aussehen:
vorname@nachname.de.
Wichtig ist nur, dass Ihr voller Name in Kleinbuchstaben erscheint und Sie niemals Kosenamen verwenden.

2. Das Anschreiben besteht aus der E-Mail selbst (kein Anhang). Lassen Sie sich zu keinem zu lockeren Umgangston verleiten, selbst wenn per E-Mail alles so schön schnell geht. Lassen Sie das Schreiben erst einige Zeit auf Ihrem Rechner ruhen, bevor Sie es abschicken. So vermeiden Sie Leichtsinnsfehler und einen zu flappsigen Umgangston.

3. Professionalität können Sie mit der Signatur beweisen. Sie kommt an das Ende Ihres Bewerbungsanschreibens und ist wie ein Briefkopf zu behandeln: Sie geben sämtliche Kontaktdaten an, damit das Unternehmen Sie möglichst einfach auf dem gewünschten Weg erreichen kann.

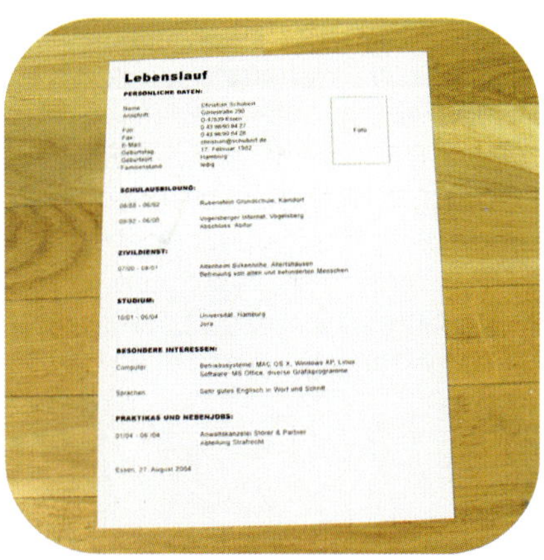

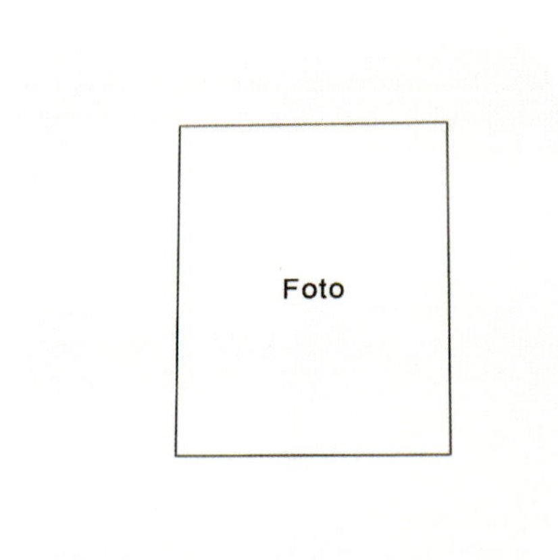

4. Wenn der Lebenslauf als Word-Dokument (.doc) abgespeichert wird, so sollten Sie auch eine Standardschrift verwenden. Gehören Sie zu den Profis, die ein PDF (.pdf - Portable-document-Format) speichern können, so sind Sie natürlich völlig frei in der Wahl der Schrift, da der Empfänger nicht die gleiche Schrift auf seinem Rechner haben muss.

5. Wenn Sie keinen vernünftigen Scanner haben oder nicht so gut damit umgehen können, so sollten Sie Ihr Bewerbungsfoto entweder weglassen, es von einem Profi scannen lassen oder gleich ein digitales Bild verwenden.
Achten Sie darauf, dass das Foto 72 dpi (Bildschirmauflösung) hat und die Farben einigermaßen stimmen.

6. Verwenden Sie nicht zu viel Schwarz und am besten keine Farbe bei dem Entwurf Ihrer Bewerbung. Zwar ist sie in Farbe schön am Rechner anzusehen, wenn der Empfänger sie allerdings auf einem s/w-Drucker ausdruckt, können viele Effekte verloren gehen oder sogar unleserlich werden.

Lebenslauf

PERSÖNLICHE DATEN:

Name:	Christian Schubert	Foto
Anschrift:	Görrestraße 290 D-47839 Essen	
Fon:	0 43 98/90 84 27	
Fax:	0 43 98/90 84 28	
E-Mail:	christian@schubert.de	
Geburtstag:	17. Februar 1982	
Geburtsort:	Hamburg	
Familienstand:	ledig	

SCHULAUSBILDUNG:

08/88–06/92	Rubenstein-Grundschule, Kamdorf
09/92–06/00	Vogelsberger Internat, Vogelsberg Abschluss: Abitur

ZIVILDIENST:

07/00–08/01	Altenheim Birkenhöhe, Allertshausen Betreuung von alten und behinderten Menschen

STUDIUM:

10/01–06/04	Universität, Hamburg Jura

BESONDERE INTERESSEN:

Computer	Betriebssysteme: MAC OS X, Windows XP, Linux Software: MS Office, diverse Grafikprogramme
Sprachen:	Sehr gutes Englisch in Wort und Schrift

PRAKTIKA UND NEBENJOBS:

01/04–06/04	Anwaltskanzlei Störer & Partner Abteilung Strafrecht

Essen, 27. August 2004

Christian Schubert

Der Lebenslauf hängt als Anhang an Ihrer E-Mail (Achtung: Speichergröße).

Wenn Sie zu den Profis gehören, die ein PDF schreiben können, dann können Sie sicher ein Bewerbungsfoto in den Lebenslauf einbetten.

Wenn Sie den Lebenslauf als Word-Dokument abspeichern und nicht so sicher am Computer sind, so können Sie das Foto auch separat im jpg-Format abspeichern.

Der Lebenslauf muss in diesem Fall natürlich nicht unterschrieben sein. Es genügt, wenn Sie den Ort, das Datum und Ihren Namen in Computerschrift unten auflisten.

Halten Sie Ihre Bewerbungsunterlagen jederzeit bereit, denn oft möchte ein Unternehmen, das durch die E-Mail Interesse an Ihnen bekommen hat, die Unterlagen komplett per Post geschickt bekommen. Dann müssen Sie auch Zeugnisse und Zertifikate nachreichen. Außerdem ist es in diesem Fall dann besser, wenn Sie das Foto im Original und nicht als Ausdruck beilegen, da dies immer hochwertiger aussieht.

Wenn Sie die vollständigen Bewerbungsunterlagen nachreichen dürfen, so lassen Sie sich nicht die Chance nehmen, durch eine außergewöhnliche Idee zusätzlich etwas Eindruck zu schinden.

Clevere Bewerbungs-Tipps und Tricks:

- Schicken Sie nur eine E-Mail, wenn das Unternehmen ausdrücklich darum gebeten hat. Zwar gibt es inzwischen viele Konzerne, die am liebsten nur noch E-Mails bearbeiten würden, dennoch gibt es auch Firmen, die damit nichts anfangen können und sich dadurch eher belästigt fühlen.
- Nerven Sie den Empfänger auf keinen Fall mit einer zu großen E-Mail. Wenn dadurch der Server überläuft oder der Computer beim Runterladen abstürzt, bedeutet dies für Ihre Bewerbung höchstwahrscheinlich den direkten Weg in den Papierkorb. Selbst dann, wenn Sie sich noch so viel Mühe gegeben haben!
- E-Mail-Bewerbungen zeigen technisches Verständnis, Computerkenntnisse und organisiertes Arbeiten.

Nachwort!

Liebe Leserinnen und Leser,

in einer Zeit, in der Arbeitslosigkeit ständig steigt und in der selbst die motivierten Bewerber sich schwer tun, ihren „Traumjob“ zu bekommen, hoffe ich, dass Ihnen die gezeigten Beispiele und Anregungen etwas Hilfestellung bei der Suche nach Arbeit gaben.

Sicher konnten Sie einige Ansätze übernehmen oder auch in Ihrem Sinne abwandeln. Wichtig ist, dass Ihre Bewerbungsphase so erfolgreich wie möglich war oder auch noch ist und umso mehr würde es mich freuen, wenn Sie mit Ihrer Bewerbung tatsächlich eine Einstellung erreicht hätten.

Dazu gratuliere ich Ihnen ganz herzlich!

Ihre Sonja Sammüller

Genehmigte Lizenzausgabe
EDITION XXL GMBH
Fränkisch-Crumbach 2004
www.edition-xxl.de

Idee, Text und Gestaltung von Umschlag und Inhalt:
Sonja Sammüller

Fotografie:
Mathias Weil, Sonja Sammüller

ISBN 3-89736-230-9